葡萄酒品飲教科書

久保 將——監修

Suntory Wine International Limited——審訂

三悦文化

前 言

　　1984年我在從事葡萄酒工作時，日本國民的每人葡萄酒年平均消費量還不到一瓶。但是到了2013年，消費量則已經到達了3.3公升，整整成長了將近5倍，同時也讓日本人有更多的機會能接觸到葡萄酒。做為佐證，我們可以發現日本從全世界進口了各種的葡萄酒，而日本的葡萄酒釀造技術也有了長足的進步。另外，不只是法國餐廳或是義大利餐廳，以日本料理為主的各種飲食店也都有在供應葡萄酒，不僅如此，葡萄酒出現在家裡的機會也增加了不少。

　　有葡萄酒的生活是件讓人感到開心的事。餐桌上只要有葡萄酒，交談就會變得熱絡、氣氛也會變得融洽，而料理也能更加美味。在招待朋友的餐會上，可以說是幾乎一定會有葡萄酒，甚至還會有舉辦以喝葡萄酒為主要目的的「葡萄酒會」。在這些時候，你是否曾經有過「想要跟別人表達這葡萄酒的香氣和滋味，可是好難啊……」、「想要說一下自己覺得好喝的葡萄酒味道，可是表達不出來……」、「將平常不會用來搭配的葡萄酒用來搭配某種料理，結果味道非常棒，想要形容這種美味卻想不到適合的詞彙……」等這些經驗呢？

當發現美味的時候，我們都會想要跟其他人一起分享。如果能夠順利地將這種感動表達出來，並獲得對方的共鳴，那麼所得到的快樂也會是加倍的。為了向其他人傳達出葡萄酒的香氣和味道，必須改用品酒的共通語言。此外，對於想通過品酒的資格考試而正努力準備的人，不只是品酒的表達能力，甚至還需要在盲飲測試中解答出品種。培養品酒的基礎實力以及增加實力的方法沒有途徑，但只要有正確的方向，那麼就不會繞遠路或是無所適從。葡萄酒的世界是快樂又深奧的世界，本書如果能夠成為各位讀者在葡萄酒生活上的指引，那麼我將感到不勝欣喜。

久保　將

Contents

Part 5
認識品種

本書的使用方式

本書基本上是由以下的形式所構成。

在本文會有該項目
的詳細解說。

本文中的紅色文字
表示是重要內容。

左頁的內文將以照片
或圖示等加以解說。

本文中的綠色文字為
葡萄酒的相關用語。

附有該頁項目常用
的品酒用語。

介紹由審訂者所
提供的小趣聞。

Intro

比較葡萄酒

讓我們從紅酒與白酒、品種、地區、
年份以及價格來試飲比較葡萄酒看看！
你將會了解該葡萄酒所具有的特色。

紅酒與白酒

紅酒與白酒，
不是只有顏色不同！

　　你是否曾經有過矇著眼睛喝葡萄酒的經驗？有機會的話，請務必試試看！所喝的葡萄酒究竟是紅酒還是白酒，結果竟然會比想像中的還要難猜對（如果你能猜對，那代表你可能有品酒的天賦喔！）大多數的人其實只會用顏色來區分紅酒與白酒。因此，如果能夠知道除了顏色以外，它們還有哪些地方不同，那麼將會是貼近葡萄酒本質的第一步。

A

紅酒的特色

- 原料基本上是使用黑葡萄。
- 果汁連果皮與種籽一起浸泡，萃取出色素成分中的花青素以及形成澀味的單寧（→p.96）等紅酒特有的香氣和味道，所釀造而成（浸皮法，→p.180）。
- 香氣的絕對量多。

登美之丘 紅酒
登美之丘酒廠

品種	梅洛
	卡本內蘇維翁
	卡本內弗朗
	小維鐸
產地	日本 山梨縣
釀造廠	SUNTORY登美之丘酒廠
酒精濃度	12.0%
<Suntory Wine International>	

紅酒與白酒。藏在不同顏色裡的是什麼呢？
讓我們試飲比較看看，來了解葡萄酒的本質。

那麼，就讓我們具體地來找找看紅酒與白酒之間的差異吧！能立刻發現到的應該是顏色的不同。那彼此的香氣如何呢？香氣較強是不是紅酒呢？那味道呢？像這樣會有各式各樣的差異，**主要是因為所使用的葡萄種類、以及釀造的方法不同所產生的**。讓我們實際喝喝看並觀察看看它們有哪些特色。

B

白酒的特色

- 原料是白葡萄，很少使用黑葡萄。
- 不像紅酒那樣採用浸皮法，白酒只用果汁發酵釀造。
- 單寧較少。
- 色素的量不多，但隨著時間，帶綠的顏色會朝黃色、金色、褐色逐漸變化。
- 有的會看得到小氣泡。

登美之丘 夏多內
登美之丘酒廠

品種	夏多內
產地	日本 山梨縣
釀造廠	SUNTORY登美之丘酒廠
酒精濃度	13.0%

<Suntory Wine International>

先讓我們用黑葡萄的
代表品種來觀察其個性

首先，讓我們來以法國波爾多地區的A卡本內蘇維翁，以及來自勃根地地區的B黑皮諾，這兩種可以很容易了解其個性差異的黑葡萄代表品種比較看看！從這裡，我們可以了解到品種在原本的顏色、香氣以及味道上的個性差異。此外，藉由比較不同的品種，我們也能找出**橡木桶熟成**或是**二氧化碳浸皮法**（maceration carbonique）※等，特地依照不同**品種特性**所採取的不同釀造方法。

※不壓破葡萄果實，然後直接放入裝滿二氧化碳的酒槽之中，讓它們在葡萄果粒中發酵的釀造法。

A

顏色深邃，
單寧強勁的卡本內蘇維翁

法國產區代表的波爾多地區其代表品種—卡本內蘇維翁。顏色濃郁、深邃。構成香氣的因子很多，相當複雜。所釀造出的葡萄酒有著非常強勁的單寧、骨架以及結構性，是個能夠長期熟成的品種。

Les Fiefs de Lagrange

品種	卡本內蘇維翁
	梅洛、小維鐸
產地	法國 波爾多 梅鐸
釀造廠	Château Lagrange
酒精濃度	13.0%
<FWINES>	

葡萄品種的不同表現出葡萄酒的個性。
讓我們來解讀看看葡萄所傳達出的訊息。

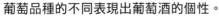

試試看！
其他試飲比較的例子

●非常適合比較品種本身的特色！

Viña Maipo Reserva Vitral series
希哈 ◄----►卡本內蘇維翁 ◄----► 梅洛 ◄----► 卡門內

●比較相同品牌，但cépage（葡萄品種）組成不同的葡萄酒。卡本內蘇維翁的比例如果比較多，則感覺質地堅硬；梅洛如果比較多，則應該會覺得比較柔順。

Château Lagrange 2005
（卡本內蘇維翁46%、
梅洛45%、小維鐸9%）　◄----►　Château Lagrange 2009
（卡本內蘇維翁73%、梅洛27%）

B

**色彩鮮艷，
香氣豐富的黑皮諾**

代表法國銘酒的重要品種─黑皮諾。這個品種主要栽種於勃根地，有著相當鮮艷的紅寶石色。莓果系的香氣十分豐富且複雜。單寧雖不如卡本內蘇維翁那麼多，但卻是個相當有結構性的葡萄酒。

Monthélie
Domaine Bouchard Père & Fils

品種	黑皮諾
產地	法國 勃根地
釀造廠	Domaine Bouchard Père & Fils
酒精濃度	13.0%

<FWINES>

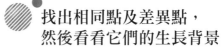

依產區試飲比較看看

 找出相同點及差異點，
然後看看它們的生長背景

　　即使是一樣的品種，只要產地不同，味道也會跟著改變。 讓我們以名稱不同，但品種相同的A法國的希哈和B澳洲的希拉茲為例來比較看看！土壤和氣候的不同，以及釀造廠所採用的各種釀造方法，因而發展出差異性。像這種品種相同的時候，依外觀、氣味、味道等各個項目來比較其同異之處就會顯得格外重要。

A

有著動物香氣和
充滿力量的隆河區

在該品種的原產地法國隆河區所釀造的葡萄酒，能夠清楚地感受到隆河區希哈特有的動物香氣、橘子酒，以及黑胡椒的味道。

Crozes-Hermitage "SENS" Rouge
Fayolle Fils & Fill

品種	希哈
產地	法國
	隆河區
釀造廠	Fayolle Fils & Fill
酒精濃度	13.5%
<FWINES>	

葡萄依生長的環境不同，顏色、香氣和味道也會有所差異。
在喝葡萄酒時，可以順便想想其生長的環境背景。

試試看！
其他試飲比較的例子

●如果要比較產區，則以勃根地最好辨認。讓我們來觀察看看
伯恩丘（Côte de Beaune）的強勁、粗曠，哲維瑞‧香貝丹
（Gevrey-Chambertin）的優雅及充滿特色的甘草前味。

Beaune du Chateau
Premier Cru/Domaine ←···→ Gevrey-Chambertin/
Bouchard Père & Fils   Domaine Bouchard Père &
         Fils

●比較看看同一位園主，但來自不同產區的勃根地夏多內。

William Fevre Chablis/
William Fevre ←···→ Chardonnay La Vignée/
     Domaine Bouchard Père &
     Fils

B

能感覺到
尤加利香氣的澳洲

離開原產地，而獨自在澳洲持續進化
的希拉茲，有時感覺就像是完全不同
的品種。顏色深邃，濃縮度相當高。
那彷彿是果醬般的濃郁，以及澳洲遍
布的尤加利所帶來的薄荷味是其主要
特色。和 A 一樣，都能感覺得到黑胡
椒味。

Bin 28 Kalimna Shiraz
Penfolds

品種	希拉茲
產地	澳洲
	南澳洲
釀造廠	Penfolds
酒精濃度	14.0%
<FWINES>	

15

依年份試飲比較看看

年輕的葡萄酒和陳年的葡萄酒，讓我們來看看各自的享受方式

如果要比較**年份**的不同，**則盡可能找同一款但生產年份不同的酒來比較**。首先，讓我們來觀察看看顏色的變化。如果是紅酒，可以比較從藍到紫的**色素量**，觀察看看因熟成所減少的色素量。白酒則可以注意看綠色元素的減少，和黃色元素的增加。接著，請同樣觀察看看香氣和味道之間的變化。雖然一般認為葡萄酒要經過成熟才好喝，但其實年輕的葡萄酒有其年輕特有的美妙，而成熟的葡萄酒則有其成熟後才有的趣味。

A

從顏色和香氣中能感覺到清新

以卡本內蘇維翁為主體，然後混著梅洛等其他輔助品種。年輕的時候顏色深邃，帶有大量的紫色色素。香氣也含有較多能讓人感到清新的果味和花香。

Château Lagrange 2011

品種	卡本內蘇維翁
	梅洛、小維鐸
產地	法國 波爾多
釀造廠	Château Lagrange
酒精濃度	13.0%
<FWINES>	

葡萄酒是能享受因時間而變化的酒。
讓我們來觀察看看由熟成所帶來的變化。

試試看！
其他試飲比較的例子

● 比較葡萄生長年份良好和生長年份較差的葡萄酒。在新舊酒交替之際，因為能夠同時找到該年份及前一年份所產的葡萄酒，互相比較後將會有新發現！

波爾多紅酒 ←→ 波爾多紅酒
（生長年份良好）　（生長年份較差）

● 比較相同品牌但年份差很遠的葡萄酒，觀察看看其熟成的情形。雖然差5年以上的會比較好辨識，但如果是不耐長期存放的葡萄酒，則可能無法品評，這點請特別留意。

巴魯洛（年輕的葡萄酒）←→ 巴魯洛（5年以上的陳年酒）

蒙塔奇諾布雷諾 ←→ 蒙塔奇諾布雷諾
（年輕的葡萄酒）　（5年以上的陳年酒）

B

給人印象內斂的
成熟感

持續熟成的話，紫色色素會逐漸變成橙色。香氣也會變成比較像是果實或花乾掉的氣味。同時，也會出現 A 所沒有的巧克力味道。單寧變得柔和而讓人覺得舒服。

Château Lagrange 2002

品種	卡本內蘇維翁 梅洛、小維鐸
產地	法國 波爾多
釀造廠	Château Lagrange
酒精濃度	13.0%

<FWINES>

依價格試飲比較看看

實際體驗 高級葡萄酒的不同

關於價格的不同，只要比較相同產地的相同品種，最好生產**年份**也一樣，這樣就能很容易了解其中的差異。高級的葡萄酒顏色深邃，香氣也比較豐富、華麗，能感覺到味道的骨架，以及**餘韻**的悠長。此外，也能經常感覺到橡木桶所帶來的特殊風味。從低價的葡萄酒開始喝，接著品嚐高級的葡萄酒，然後再回來到低價的時候，通常會對兩者之間的差異感到非常驚訝。總之，建議可以從低價的葡萄酒開始喝起。

A

充滿果香的 平價葡萄酒

散發出相當純粹天然的莓果香氣，能讓人感覺到紅醋栗、紅櫻桃以及萊姆的味道。彷彿滿滿的果實味在口中綻放開來。單寧不會太多，是架構適中的葡萄酒。

Bourgogne Pinot Noir Vinée
Bouchard Père & Fils

品種	黑皮諾
產地	法國 勃根地
釀造廠	Domaine Bouchard Père & Fils
酒精濃度	12.5%

<FWINES、Suntory Wine International>

葡萄酒的等級與價值反映在價格裡。

讓我們想一想這其中的原因，然後試飲比較看看。

試試看！
其他試飲比較的例子

● 知道等級不同的時候，如果能選擇來自同一個釀酒師所釀的葡萄酒來加以比較，將能更清楚知道其中的差異。

Réserve Spéciale Bordeaux Rouge / Domaines Barons de Rothschild ◄----► Pauillac Réserve Spéciale Rouge / Domaines Barons de Rothschild

Bourgogne Chardonnay La Vignée / Bouchard Père & Fils ◄----► Meursault Genevriers / Bouchard Père & Fils

● 或許還能了解產區（appellation）範圍寬廣的勃根地，其3大特級葡萄酒的等級和價格上的差別！

Bourgogne Rouge / Domaine Hubert Lignier ◄----► Clos de La Roche / Domaine Hubert Lignier

B

結構大而複雜的
高級葡萄酒

顏色的深淺並沒太大的差別，但在色調上則稍微暗一些，有黑櫻桃、黑醋栗、野玫瑰、香料以及鐵質的感覺。味道複雜而有厚度，層次豐富而濃縮度高，餘韻也相當悠長。

Beanue Graves Vigne de L'Enfant Jesus
Bouchard Père & Fils

品種	黑皮諾
產地	法國 勃根地
釀造廠	Domaine Bouchard Père & Fils
酒精濃度	13.5%
<FWINES>	

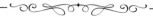

Column 1

如果是相同品牌、年份，該買哪一瓶呢？
高價葡萄酒與低價葡萄酒

上網找葡萄酒時，同一款葡萄酒在A店賣5000日圓，在B店則是賣3900日圓。如果是你，會買哪一家的呢？

如果是因為店家距離很遠，所以運費較高則另當別論，但心裡應該會想要選3900日圓的吧！不過，買這一瓶真的沒有問題嗎？

葡萄酒的流通有各種各樣的方式，例如有直接向生產者收購的、有透過酒商（批發商）等中間商採買的，也有從大盤商所轉賣的。通常價格會依照不同的流通方式來設定，若是向生產者或是經由酒商所採購，則價格不易崩跌，因此能夠以非常適中的價格販售。另一方面，中盤商之後則會因為匯率或是市場狀況而導致價格波動，有時價格上漲，有時則價格下跌而大量地出現在市面。同時，不只有中盤商，另外還有透過小盤商、零售商所販售的。在這當中的管理如何，任何人都不得而知。而管理如果沒有做好，則容易導致品質變差。

因此如果要買價格較便宜的葡萄酒，那麼就要有將來可能會面臨到這些風險的心理準備。要是想要避免遇到這些問題，那麼最好還是找間值得信賴的葡萄酒專賣店來購買。如果能留意何時會有折扣活動，那麼還是可以用相當划算的價格來買到葡萄酒的。

Part 1
葡萄酒的品酒基礎

什麼是葡萄酒品酒呢？
讓我們來了解品酒的方法和基本資訊。

何謂品酒？

 **品酒是
認識葡萄酒的手段！**

什麼是品酒呢？或許有人會認為就是觀察味道的意思。雖然這樣說也沒錯，但是除了味道以外，葡萄酒還有許多特色和個性，而這些通常會表現在葡萄酒的**顏色深淺、香氣、品種和葡萄酒的釀造方法**上。品酒即是觀察這些部分以了解這是怎樣的葡萄酒。

品酒的**目的因人而異**。如果是一般人，可能只是出於喜歡葡萄酒這樣單純的動機而想品酒看看，有些人則可能是因為要準備一般社團法人日本侍酒師協會所舉辦的**侍酒師、葡萄酒顧問、葡萄酒專家資格檢定測驗**。此外，如果是從事與葡萄酒相關工作的人，如侍酒師的話，可能是為了要服務客人，進口商（importer）可能是為了要挑選所販賣的葡萄酒，而葡萄酒專賣店則可能是為了想要推薦給客人。

像這樣，每個人的目的都不一樣。不過，儘管大家對於葡萄酒的知識和品酒的能力皆不相同，但是每個人要做的事都一樣，那就是品酒。

 **品酒的重點是外觀、
香氣、味道**

那麼，要怎麼來進行品酒呢？

品酒的主要重點有3個。1、**觀察外觀**（→p.31～）2、**觀察香氣**（→p.51～）3、**觀察味道**（→p.91～）。然後將這些從觀察中所獲得的資訊加以整理、品評。至於品評，雖然也經常以實際口頭發表，但是在這裡還是建議整理成品酒筆記（→p.28）記錄下來。這樣一來，什麼時候喝了怎樣的葡萄酒不但一目瞭然，同時還可以方便我們整理這些資料。

在即將開始之前，先告訴各位關於品酒的一個重點。那就是一定要**保持相同的標準**來品酒，並**將流程固定**。所謂保持相同的標準，指的是先不要去想葡萄酒的好壞，而是要用客觀的角度來面對葡萄酒。而流程固定指的則是要以相同的條件、相同的順序來品酒。如此一來，將可以輕鬆地比較葡萄酒的資料，這在整理時會很有幫助。

如果能經常接觸葡萄酒，然後不斷地累積品酒經驗，那麼葡萄酒將可以帶給我們無限的樂趣。那麼接下來，就讓我們來開始品酒看看吧！

什麼是品酒呢？
讓我們來好好了解，並仔細探索葡萄酒。

品酒的要素

●觀察外觀

　　首先用眼睛確認。從外面觀察葡萄酒，看看顏色的深淺和色調、是混濁還是清澄、液體表面有沒有厚度、以及搖晃酒杯之後，杯子內側有沒有流下酒痕等等。（→p.31～）

●觀察香氣

　　接著，觀察葡萄酒所散發出來的香氣。從香氣來觀察葡萄酒，如香氣的多寡（volume）、香氣強烈的還是微弱的、給人的印象是年輕還是成熟、以及這種香氣會讓人想到什麼等等。（→p.51～）

●觀察味道

　　最後，將葡萄酒含在口中，感受一下味道。觀察葡萄酒味道的強度、酒精的濃度、以及還能感覺到什麼樣的味道、均衡感如何、餘韻的長度等這些部分。（→p.91～）

●綜合評價

將從外觀、香氣和味道所得到的資訊加以整理、分析，然後想想看葡萄酒有什麼樣的個性和形成的原因。此外，檢驗自己的想法和資料。接著，形塑出最終的整體形象，做出結論以成為綜合評價。

久保的
葡萄酒
趣聞

西元前4世紀的時候，在高盧（古羅馬時代位於法國的一個國家），
一隻雙耳陶瓶（標準型39公升）的葡萄酒可交換一名奴隸。

23

葡萄酒的
品酒基礎

品酒的方法

品酒工具

葡萄酒

挑選想要品評的葡萄酒。此時，最好是**根據品種還有產地來做選擇**。另外，也要特別留意葡萄酒的溫度。如果紅酒的顏色濃厚則溫度帶應該要在18度左右，顏色淡薄的是16度，酒體豐滿的白酒是12度，輕盈的則是8度。且讓我們以這樣的溫度來進行品酒。等到熟悉之後，可以先用較低的溫度來品酒看看，然後讓溫度過一段時間上升之後，可以再觀察看看會有什麼樣的變化。

開瓶器

開瓶器有侍酒刀、蝴蝶式、T字型以及電動式等各種類型。基本上，能夠方便自己使用的就是最好的開瓶器。昂貴的侍酒刀會比較重，非常利，剛開始使用的時候請特別注意。此外，侍酒刀之中還有**兩段式扣住瓶口就能輕易開瓶的類型**值得推薦。

酒杯

為了保持品酒的標準一致，**最好酒杯要固定**。如果是資格認定考試的話，用的是比ISO規格再小一點的國際標準品酒杯（INAO杯）。不過其實大的酒杯會比較容易觀察香氣，更能顯現葡萄酒的個性，因此在還不習慣用標準酒杯之前，不妨先用稍微大一點的杯子也行。本書中所使用的則是「Riedel Ouverture系列的紅酒杯」。

紅酒用靶紙

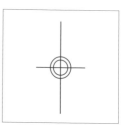

觀察紅酒顏色深淺的專用靶紙（在p.38有使用）。雖說是專用紙，但也只是在白紙上印有上面圖案的東西而已。將紙放在酒杯後面，然後觀察看看能見度。沒有這種紙雖然還是能品酒，但是有的話會比較方便。

【 品酒時的環境 】

品酒時的環境，盡可能讓溫度、濕度、光線等條件都一樣。不然的話，即使是一樣的葡萄酒，嘗起來的感覺也可能會有所不同。此外，也要注意不要讓室內有其他的味道存在。在光線方面，最好是自然光，如果有困難，那麼盡量選擇在接近自然光、光線均衡以及明亮的地方進行。稍微空腹的時候進行品酒，判斷會更精準。

在品酒之前，先確認看看各項工具和步驟。
確實地準備好之後，就可以開始了！

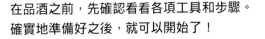

品酒的順序

1 酒杯的狀態

首先，確認看看酒杯有沒有汙垢、損傷、看起霧霧的、或是有異味等。如果有，那麼會妨礙品酒而使我們沒有辦法正確地掌握資訊。記得要把這些確認的步驟變成像是反射動作般的習慣。

2 開瓶的時機與倒酒的量

記得要在品酒前才開瓶，倒酒的量則應該每次都要一樣。如果是本書所用的酒杯，則約90ml左右最適合。此外，在倒酒時，記得要慢慢地倒。

3 觀察外觀

接下來，終於要開始進行品酒了。手持著酒杯，將白紙或是專用靶紙放在後面，白酒從水平的角度，紅酒則向內傾斜來觀察外觀。看看顏色的深淺和色調、濁度以及光澤等，用眼睛來觀察看看這是怎樣的葡萄酒。

4 觀察香氣

首先，聞聞看緩慢的一秒鐘香氣，接下來搖晃酒杯（→p.52），以杯壁內側所流下的酒痕（酒腿、→p.36）來觀察黏稠度。接著再用約2～3秒左右的時間來仔細觀察香氣。

5 含在口中

關於酒含在口中的量，有人說大約一茶匙左右，但其實這是因人而異。因為這個量沒有一定的標準，所以平時可以先注意看看怎樣的量對自己來說最容易觀察味道，之後請每次都用相同的量含在口中。

6 觀察味道

將入口的葡萄酒停留在舌頭中央，然後擴散到整個口腔。讓它達到喉嚨附近時，觀察完味道後吐出。這個時候如果喝進去一點點也沒有關係。如有必要，可以讓葡萄酒在口中時，從嘴巴吸入空氣，再從鼻子呼出以感受口中的香味如何。

久保的
葡萄酒
趣聞
貴腐酒和藍紋乳酪的搭配非常值得推薦。
原本討厭藍紋乳酪的人也可能會愛上。

蒐集葡萄酒的資訊

從酒標、酒款介紹表中可以得到來自生產者的資訊

在開始品酒之前，讓我們先蒐集一下**葡萄酒以及生產者的相關資訊**。如果有這些資訊，那就能在品酒時更有系統地了解到該葡萄酒是在什麼地方、用哪個品種、以及依什麼方法所釀造出來的。此外，還可以知道其產區的氣候與風土。一般在品酒時，**逐一檢驗並正確地吸收**這些資訊是非常重要的。

就蒐集資訊來說，最能信賴的是來自生產者所發布的資料，而能夠輕易取得的就是**酒瓶上的酒標**。從正面酒標上，我們可以知道葡萄酒名、釀造的地方、品種以及生產年份等極為基本的資料。背面酒標則經常標示著容量、酒精濃度、**酒廠**、適飲溫度或是**適合搭配的食物**（mariage）等與葡萄酒相關的說明文。

酒標以外的資訊則有所謂的**酒款介紹表**（→p.27）。這通常在生產者或是進口商的網頁都能下載得到。在品酒時，如果能準備好這些資料並和實際情況加以對照，那麼將可以對葡萄酒有更深一層的認識。

正面酒標

❶ 原產地

葡萄酒依歐盟的葡萄酒法所劃分的地理區塊或是其原產地會標示在這裡。

❷ 葡萄酒名

葡萄酒大多會在最醒目的地方標示葡萄酒名。雖然這是個別的商品名稱，但是也經常會將品種名或是產地名稱當做是商品名。

❸ 生產者名

標示著生產者的名稱，大多會寫在葡萄酒標最下面的位置。在歐盟的葡萄酒法當中，這項記載屬強制規定。

其他酒標經常有的資訊

●生產年份（vintage）
通常會記載該葡萄酒是何時生產的。

●品種
會標示著如卡本內蘇維翁或是黑皮諾等葡萄的品種。

※宣傳文
這個酒標上是以法語寫著「伯恩（BEAUNE）的優質葡萄酒」。

為了更加了解葡萄酒，
讓我們先蒐集一下生產者所發布的資訊

背面酒標

❹ 負責採收葡萄以及裝瓶的酒廠

這裡寫著該葡萄酒的葡萄採收以及裝瓶是來自哪個酒廠。

❺ 葡萄酒的說明文

寫的是關於生產者或是葡萄酒的說明文，有時也會提到適飲的溫度或是適合搭配的食物等。關於所寫的文字，有的只會用當地的語言書寫、有的則會同時附上英語或是以多國語言表記，這全憑生產者自己的意思所決定。

❻ 酒精濃度

酒精濃度通常會標示在正面酒標或是背面酒標上。在歐盟的葡萄酒法當中，這項記載屬強制規定。

❼ 容量

容量一定會標示在正面酒標或是背面酒標上。

❽ 原產國

原產國一定會標示在正面酒標或是背面酒標上。這瓶葡萄酒則是法國所產的。

酒款介紹表

來自Bouchard Père et Fils的網頁（http://www.bouchard-pereetfils.com/en/home-page/）

酒款介紹表是生產者或是進口商針對葡萄酒所做的資料表，其中包括許多葡萄酒的詳細資訊和數據。裡面的內容除了有酒標上所記載的資料，另外還加上生產者的特色、葡萄栽培地區的土壤和氣候、釀造的方法以及儲藏、熟成的方式等各種詳細的資料。此外，還有生產者的品評內容、適合搭配的食物、建議飲用的溫度、陳酒（old vintage）等相關資訊，得獎記錄以及葡萄酒專業人士的評價等也都會包括在內。

進口的葡萄酒未必全部都有翻譯，活用酒款介紹表將可以得到更多有助於我們增強實力的資訊。

葡萄酒的
品酒基礎

品酒和記憶的整理

固定
做筆記的方式

品酒時，最好也順便把感覺到的東西記錄下來。寫在白紙上也沒關係，但是如果能夠準備好適合自己的品酒表則會更方便。

品酒表只要將品酒時該觀察的項目和紀錄欄做成表格即可。列出所要觀察的項目，這樣既可方便觀察固定的項目，同時也可以**防止觀察項目的遺漏**。

右邊的品酒表是我平常在用的格式。剛開始可以先用同樣的內容，然後慢慢地發揮自己的創意，打造出屬於自己的表格。此外，如果是儲存在電腦裡，那麼還可以附上酒瓶或酒標的照片，如此一來能讓記憶更加鮮明。

在填表格的時候，自己的筆記或品評可以用黑色，從酒款介紹表（→p.27）所得到的資訊用藍色，而在葡萄酒座談或是其它活動當中，從講師或侍酒師的評論或介紹可以用紅色等區分開來。這樣一來將可以更有效率地整理這些資料，之後再重看的時候也會比較容易想起來。

在沒熟練之前，可能還不太會品評，但是不管如何，就先試著寫些什麼東西看看吧！如此一來，表達能力也會更上一層樓。

品酒表的保存與
復習的重要性

寫下來的品酒表該如何保存比較好呢？

如果是依照日期的順序保存，那麼可能會很難立刻找出我們需要的葡萄酒資料。因此，我是**貼上自己好認的標籤然後加以建檔保存**。剛開始是以產地和品種來做分類，如果資料增加，則再分別存放在「溫暖地區所釀造」、「帶綠色的白酒」、「有黑色果實的香氣」等更細的檔案夾裡。另外，如果是存放在電腦裡，則可以**把關鍵字放進檔名之中**，例如以france_bordeaux_medoc_cabernet sauvigon_（國家、區域、地方、品種）等方式建立檔名，如此將會更容易搜尋。

反復溫習品酒表將可以發現到許多有趣的事情。例如品酒時，如果喝到感覺和以前曾經喝過的葡萄酒類似的時候，將該葡萄酒所感覺到的東西和表格裡的資料互相對照，那麼會發現他們有相似之處，進而對葡萄酒有更深的認識。另外，同時比較同一個檔案夾裡的資料，也可以讓葡萄酒的特色和個性更加清楚。此外，甚至還可以了解自己的進步程度和喜好的變化。

透過將品酒時所蒐集到的資料做成筆記，
將可提升表達能力。

做品酒筆記的方式

		❶ 酒款名稱	❷ 生產年份	❸ 酒精濃度			❹
		Château Lagrange	2011	13.00%			2014.5.15
外觀	顏色	有點濃。					
		帶點暗紅色的印象。把酒杯傾斜後，中心的部分可以看得到字。					
		紫色的感覺較重，橙色的元素較少。雖然都是同年份的Cru Classe等級，但是和杜哈米雍（Duhart Milon）相比，顏色上有著很大的不同。					
	清澄度	清澄。					
	酒腿・黏性	感覺有厚度的表面。酒腿有確實地出來。					
香氣	倒了之後靜止	香氣量多，相當沉穩的香氣，有果實的清新感，雖然也有植物氣味的感覺，但是像杜哈米雍那樣的西洋杉氣味則感覺不太到。					
	晃酒後	晃酒後，甜甜的果味更加明顯，也比杜哈米雍更沒有橡木桶的風味。					
味道	前味	有力量的前味，有點圓潤的前味。					
	甜度	剛開始，有點甜味。					
	酸味	柔軟又溫和的酸味，量則稍稍屬於中間程度。					
	單寧	單寧的量非常多，但是質地相當細緻。因為量很多，所以在嘴巴裡就像用衛生紙擦拭般的感覺，具有收斂性的單寧。					
	均衡感	感覺在口中的結構比杜哈米雍明顯更大。雖然不是好年（great vintage）所產，但是入口後能感覺到非常圓潤、柔軟的酒體，同時也能感受到卡本內的紮實骨架。					
	餘韻	餘韻悠長。					

❺

❻

❶ 記下酒款名稱。同時最好也寫下生產者的名稱等資料。

❷ 即使是同一款葡萄酒，年份不同則感覺也會不一樣，因此一定要確實地寫清楚。

❸ 為了要了解酒精濃度而須填入。

❹ 品酒的日期請務必要寫下來。因為葡萄酒是會熟成和變化的酒，所以什麼時間品酒是相當重要的資料。

❺ 一定要固定外觀、香氣和味道的詳細觀察項目並加以確認。

❻ 因為只是做筆記，所以不需要特別寫成文章，只要用條列式或是自己看得懂的符號記下就可以了。剛開始可以用自己的話來寫，但是熟練之後，最好用共通語言來描述。

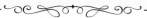

Column 2

用不同的酒杯品酒並比較看看

　　酒杯不同，葡萄酒的味道、香氣和外觀也會跟著改變。讓我們用5種不同形狀的酒杯來品酒並比較看看。

＊比較方式：在每個酒杯分別倒入120ml的「Château Lagrange」，接著進行品酒。

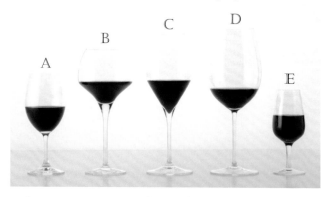

A Ouverture Red Wine （Riedel）
外觀顏色的深淺在5個杯子當中剛好位於中間。
靜止狀態時，香氣量很多。晃酒時，香氣的變化非常均衡。
味道的表現也非常和諧。此外，感覺酸味較明顯。

B Chef & Sommelier Open Up Tannic 55 （ARC International Japan）
外觀的顏色看起來比較淡。
靜止狀態時，香氣量很多，莓果、花香非常明顯。經過一段時間後，能感覺到華麗且有深度的香氣。
味道在口中能明顯地感覺出果實味。

C Adina Prestige Bordeaux （Spiegelau）
外觀的顏色看起來比較偏向中間。
靜止狀態時，香氣量感覺比較收斂。搖晃時，特別能感覺到香氣經過熟成後所蘊含的深度。
在味道上，果實味很明顯，也能感覺到單寧比較強勁。

D Sommeliers Bordeaux Grand Cru （Riedel）
外觀的顏色看起來比較淡。
靜止狀態時，香氣量感覺比較收斂。搖晃時，則特別能感覺到莓果系的香氣。經過熟成後所散發出的香氣，其表現也非常出色。
味道比較輕盈，感覺像是單寧圓潤的成熟葡萄酒。

E ISO規格　國際標準品酒杯
外觀顏色的深淺在5個酒杯當中感覺最深。
靜止狀態時，香氣量多，能容易的感覺到橡木桶的風味和香草氣息。搖晃時，則特別能感覺到莓果的香氣。
味道強而有力，感覺比較偏像是單寧強勁的葡萄酒。

Part 2
觀察外觀

品酒的第一階段。
從葡萄酒的外觀獲得資訊。

觀察外觀的方法

 **視覺所接收到的訊息
最客觀、最正確**

品酒要從觀察外觀開始。可是,你有沒有想過為什麼是從外觀開始呢?難道不能從味道開始嗎?這原因其實是因為視覺的關係。

在人類的五感之中,**接收到的訊息最客觀、最正確的是視覺**。人類在看東西的時候,如果有10個人,那麼10個人看到同樣的東西,所接收到的視覺訊息也會一樣。不過,**如果是嗅覺或味覺,即使香氣和味道相同,但是每個人的感覺則多少會有微妙的差異而難以和他人發生共鳴**。所以在品酒等需要表達香氣或味道的時候,通常會有共通語言,然後以此替換來表達我們的感覺。因此,我們應當先從外觀來獲取葡萄酒的資訊,並以此為軸線展開品酒。

從葡萄酒的外觀,我們多少可以得知**做為品種特性的色素構成、色素的絕對值、由不同的釀造方式和時間所產生的變化,以及葡萄酒是否健康等資訊**。甚至還可以觀察出一些喝了才能知道的部分,例如酒精的濃度或是糖份的多寡等。

像這樣光是外觀,就充滿著許多的資訊。所以,記得要養成確實觀察的習慣。

 **首先,讓我們來整理
一下觀察外觀的重點**

具體來說,觀察外觀時有哪些部分要特別注意呢?主要的觀察項目大致可分成4個部分:①**葡萄酒的顏色** ②**液體的狀態** ③**液面的狀態** ④**液體附著在杯壁時的狀態**。

讓我們對照右邊的圖然後加以觀察看看。

關於①葡萄酒的顏色,白酒和紅酒都要看的是顏色的深淺,以及所呈現出來的色調。如果是紅酒,則還要再觀察葡萄酒液面的輪廓:看看杯緣的顏色是否更深更明顯,還是變得比較淺。至於②液體的狀態,白酒和紅酒都要看的是液體是呈現混濁還是清澈的**清澄度**,白酒則還要再看看有沒有產生氣泡的**發泡性**。此外,關於③液面的狀態和④液體附著在杯壁時的狀態,則都是在觀察葡萄酒的黏稠度。白酒的液面狀態是要看**表面厚度(disc)**,紅酒則是要觀察杯壁內側所流下的**酒腿(legs)**。

那麼,用這些項目來觀察葡萄酒,究竟可得到哪些資訊呢?讓我們接著繼續看下去。

葡萄酒的外觀不只有顏色。

讓我們掌握住觀察外觀的重點。

紅酒是看這裡！

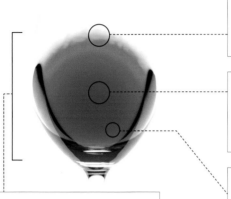

杯緣

觀察酒液在杯緣部分的顏色。從這裡也可以判斷出熟成度、品種的特色以及釀造的影響等。

顏色深淺

觀察顏色深淺。將酒杯傾斜，然後在後面放一張觀察顏色深淺的專用靶紙，從靶的能見度可以輕易地判斷顏色的深淺。

色調

是紅中帶紫呢，還是紅中帶橘。從色調可以知道熟成度、品種的特色和釀造的影響等。

黏稠度

要觀察黏稠度，可以看看杯壁內側所流下的酒痕。這些酒痕又稱作酒腿（legs）或酒淚（larme）（→p.36）。

白酒是看這裡！

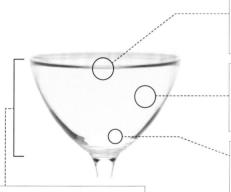

表面

看的是液體表面厚度。厚度高則代表葡萄酒的黏稠度高，厚度薄則代表黏稠度低。（→p.36）

清澄度

清澄度看的是清不清澄、以及其清澄的程度。從清澄度可以知道葡萄酒的狀態是否健康。（→p.34）

發泡性

看的是酒杯內側有沒有氣泡。（→p.34）

顏色的深淺、色調

看的是顏色和深淺。從這裡可以推測出許多東西（→p.40）。

久保的
葡萄酒
趣聞 海苔很適合用來搭配紅酒喔。

觀察外觀

清澄度／發泡性

 透明還是混濁，
代表著葡萄酒的個性

在外觀上，可以先觀察的重點之一是**清澄度**。所謂的清澄度指的是**看看葡萄酒是否清澈**，這和透明度是一樣的意思。或許會有人以為葡萄酒本來就應該要透明且清澈，但事實上，清澈並無法與優秀的葡萄酒畫上直接的等號。

原本從葡萄榨成果汁到發酵、熟成時，葡萄酒所呈現的是混濁的狀態。接著在裝瓶之前，透過所謂的**清澄或過濾的工程（→p.180）**而將雜質或是浮游物去除。由於在進行過濾的過程當中，可能會把顏色、香氣以及美味也一併除掉，所以有些生產者會直接販售這些未過濾的葡萄酒。這代表著他們對**葡萄酒釀造的主張與堅持**，同時也訴說著葡萄酒的製造過程。不過，如果原本應該是透明的葡萄酒卻看起來混濁或有浮游物，那麼有可能是品質出現了問題，這點要特別注意。

 從靜態酒（still wine）的
氣泡可以推敲出各種可能的情況

這裡所說的**發泡性**，指的不是像**氣泡酒**那樣會湧上來的氣泡，而是指在**靜態酒裡能不能看得見有氣泡**的意思。通常這種氣泡會出現並附在杯壁的內側。大多出現在白酒身上，且最近則能夠以相當的準確率來觀察這些氣泡。

這些氣泡的真面目其實是二氧化碳。在發酵過程中所產生的二氧化碳，會溶在葡萄酒裡，等到葡萄酒被倒出來之後，則變成氣泡跑出來。此外，葡萄酒為了防止氧化經常會填充氮氣，有時生產者會用比氮氣還要便宜且同樣也能防止氧化的二氧化碳來取代，而這也是氣泡形成的原因之一。二氧化碳的填充是在裝瓶的時候，因此橡木桶發酵時理應不會有二氧化碳，但是此時的葡萄酒卻也會經常看到氣泡。從靜態酒的氣泡我們可以想到各種可能的情形，這一點各位可以記下來。

【品酒用語】		
水晶般的光芒	清澈的	透明的
有光芒	清澄的	混濁的
有光澤	乾淨透明的	有沉澱物

從眼睛所看到的液體狀態，
能夠讀出生產者的主張與堅持。

清澄度和光芒

不混濁，感覺透明，同時
也有光芒的葡萄酒。

發出光芒並不是因為清澄度高，而是由於光的折射率高。從北方產的葡萄酒通常光芒較強，而南方產的則光芒較弱的傾向來看，有人推測這可能和酸度有關，不過即使實際用酒石酸來補強酸度，假設是一般程度的補酸其實也看不出外表的光芒有什麼改變。光芒很強的時候會用「像水晶般的光芒」來形容，這是最高等級的表現。如果有混濁的情形，則有可能是因為葡萄酒沒有經過調整和過濾即直接裝瓶，或是代表葡萄酒並不健康。

靜態酒的發泡方式

發出非常細緻的小泡泡。
品酒時，可以注意看看氣
泡的量和大小。

如果是靜態酒，在倒冰的葡萄酒時氣泡並不會立刻冒出，而是要等到溫度慢慢上升之後，才會開始從杯壁內側冒出來。有時氣泡會冒個1分鐘左右。經過搖晃酒杯（→p.52），或是用力搖動酒杯之後，氣泡則會消失不見，因此先讓我們來觀察這個部分。

觀察外觀

黏稠度

黏稠度會表現在
酒腿和表面上

介紹完清澄度和發泡性，接著讓我們繼續往下來看看黏稠度。在觀察酒液的時候，可以感覺的出該酒液是清爽或是黏稠。為了正確地做出判斷，我們可以觀察葡萄酒附在杯壁內側往下流時所形成的一條條的酒腿，或是葡萄酒液面也就是表面厚度以獲得相關資訊。紅酒以觀察酒腿為主，而白酒則是還要看看表面厚度。

從觀察酒腿或是表面厚度所得到的資訊，可以推測出**酒精濃度的高低**、葡萄酒所殘留的**含糖量（殘糖）**，以及所含有的**甘油**（帶甜味，有黏稠度的液體）量。這些都是讓葡萄酒感覺圓潤以及豐富的重要因素。從這裡所得到的資訊，當實際將葡萄酒含在口中時，也可以做為味道來觀察。除此之外，**黏稠度高的通常很有可能是在南方的產地所釀造，因此，也可以做為推敲產地南北向的參考依據。**

酒腿要觀察有幾條，
表面則是要觀察厚度

所謂的酒腿，指的是將酒杯傾斜或是**搖晃酒杯之後，在杯壁內側所流下的一條條的痕跡**。觀察時，不只是酒腿的數目，也要看看酒腿的寬度（厚度）以及流動時的速度。**如果葡萄酒的黏稠度低，則看不到酒腿。相反地，如果是黏稠度很高的酒液，則會清楚地殘留很多條酒腿，同時流動的速度也會相當緩慢。**此外，如果酒精的濃度高，甘油（→p.95）量也多的情況，從酒腿的身上也可以觀察得出來。

所謂的表面厚度，是以水平的角度來看酒杯，然後觀察葡萄酒的液面厚度。和其它液體一樣，葡萄酒也會因為表面張力而往中央隆起，**隆起的越多則厚度會越厚**，因此可判斷其黏稠度較高。此外，如果液面有厚度，且還可以看到光芒，則通常可推測出其酒精濃度較高，或是甘油量較多。

【品酒用語】

黏稠度低	黏稠度中等	表面有厚度
黏稠度較低	黏稠度較高	看得出有酒腿
	黏稠度強	

從葡萄酒的液面或是流下的酒痕可以判斷黏稠度，
甚至還可能推敲出其產地的南北向。

酒腿是看這裡！

照片中的酒腿有好幾條，流速緩
慢。因此，可說是黏稠度相當高
的葡萄酒。

將酒杯傾斜或是搖晃酒杯之後，
留在杯壁的內側會有一條條的痕
跡即是酒腿。若是紅酒會很容易
觀察，這又做叫legs或是酒淚
（larme）。從酒腿可以推測出酒
精濃度的高低、甘油量以及產地
等。如果酒腿流下的速度慢則代表
葡萄酒的黏稠度高，速度快則黏稠
度低。**黏稠度若高，則通常代表酒
精和甘油量較多。**

表面厚度是看這裡！

表面厚度厚的白酒。通常代表具
黏稠度，酒精和甘油量較多。

從水平的角度看酒杯，觀察因表面
張力而向上隆起的液面厚度，或是
和酒杯的接觸面厚度。如果向上隆
起的高且厚，則表示該葡萄酒的黏
稠度高；如果薄則代表黏稠度低。
從表面厚度可以看得出葡萄的熟
度、產地以及品種等。此外，如果
是較甜的葡萄酒，表面厚度也會比
較厚，這是由於甘油量所致。因
此，**從這裡也可以知道該葡萄酒甜
或不甜。**

觀察外觀

紅酒的色調

 觀察看看不同品種的顏色深淺和色調

雖說是紅酒，但是這個「紅色」會因葡萄酒而有所不同。顏色從深到淺都有，甚至還有從發黑般的紅到非常明亮的紅。雖然稱不上是絕對，但是葡萄酒的色調大致上是由品種所決定的。舉例來說，年輕時的卡本內蘇維翁帶著充滿力量的深紫色，而黑皮諾則是感覺明亮的淡口紅色。總之，先讓我們來觀察看看每個品種的顏色傾向吧！

淺	淺 （帶點橙色）	有點淺

深淺　淺

將觀察紅酒顏色深淺的專用靶紙（→p.24）放在酒杯後面，依能見度來觀測深淺度。

色調

藍紫色	**紅寶石色**	**帶著橙色**
年輕的葡萄酒所常見的顏色。以品種來看，則有卡本內蘇維翁和希哈等。	藍色的部分比藍紫色要淡一些，然後感覺紅色的部分要再多一點，給人相當青春活潑的感覺。以品種來看，則有黑皮諾和嘉美等。	可說是相當接近橘黃色的紅色。隨著熟成不斷地進行，這種顏色在杯緣可以很清楚地看到。

＊本圖經常用於表現紅酒的色調，顏色帶則為大概的標準。

讓我們來仔細看看紅酒原本的色調
以及因熟成而產生的變化。

紅酒的色調

隨著熟成，色素會逐漸減少

　　葡萄酒的顏色會因熟成而產生變化。
年輕的葡萄酒雖然有顏色深淺和色調上
的差異，但主要是從藍紫色變成稍帶紫
色的紅色。隨著熟成的進行，從藍到紫
的色素會逐漸消失減少。同時，由於單

寧以及色素的相互結合而發生沉澱，因
而導致色素的總量減少而使顏色變淡，
色調會從橙色變成淺褐色，最後往琥珀
色變化。

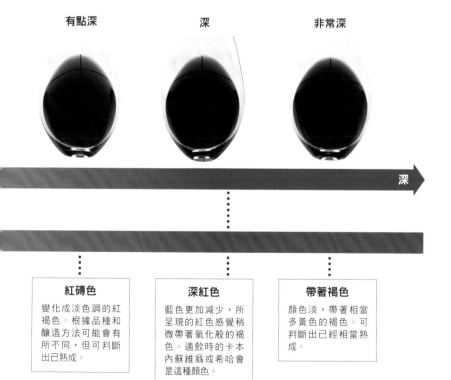

| 有點深 | 深 | 非常深 |

深 →

紅磚色
變化成淡色調的紅
褐色。根據品種和
釀造方法可能會有
所不同，但可判斷
出已熟成。

深紅色
藍色更加減少，所
呈現的紅色感覺稍
微帶著氧化般的褐
色。適飲時的卡本
內蘇維翁或希哈會
是這種顏色。

帶著褐色
顏色淡，帶著相當
多黃色的褐色。可
判斷出已經相當熟
成。

白酒的色調

變化豐富的白酒色調

白酒的顏色深淺和色調在變化上比紅酒要來得更為豐富，有接近無色透明、帶著綠色、淺黃色、深黃色和金色等各種變化。由於釀造時沒有和果皮一起浸泡，因此用綠色葡萄釀造則色調會帶著綠色；用灰色葡萄釀造則色調會帶著膚色。此外，如果用的是生長自溫暖土地的葡萄或是經過橡木桶熟成的，則顏色會變深。像這樣受到許多因素的影響，而使白酒發展出豐富多變的色調。

淺 （接近無色）	**淺**	**有點淺**

深淺

淺

看酒杯的中心位置，會更容易觀察顏色深淺。

色調

清澈的	**帶著綠色**	**淺黃色**
經常表現在透明度高、黏稠度低的葡萄酒或是年輕的葡萄酒，以及在北方所釀造的葡萄酒身上。這種色調的葡萄酒不適合長期存放，應以早飲為佳。	在年輕的葡萄酒身上經常看見，白蘇維翁或蜜斯卡岱等葡萄品種也會出現這種色調。通常大多比較適合早飲。	有點帶綠的黃色。比較年輕的葡萄酒，或是在比較溫暖的氣候下生長的葡萄能看到這種色調。

＊本圖經常用於表現白酒的色調，顏色帶則為大概的標準。

讓我們搭配色階來看看白酒的色調和
因熟成而產生的變化。

隨著熟成會轉向褐色

　白酒和紅酒一樣，都會隨著熟成而使
葡萄酒的顏色產生變化。年輕的白酒大
多是偏綠的色調或是以淺黃色居多，但
隨著熟成，黃色會加深，然後轉成接近
褐色。

　因糖和胺基化合物發生反應，也就是
所謂的**梅納反應（Maillard reaction）**
所導致而成。因顏色的變化是和無色的
東西之間所發生的反應，所以和原本顏
色的深淺並無直接的關係。

有點深　　　　　　**深**　　　　　　　**非常深**

深 →

深黃色	**帶著金黃色**	**褐色**
不是綠色的感覺，而是黃色非常明顯的色調。在溫暖的產地所孕育出的葡萄，或是經過橡木桶熟成的葡萄酒能看到這種色調。	使用完全成熟的葡萄酒所釀造的葡萄酒、橡木桶發酵或是橡木桶熟成的葡萄酒，以及經熟成而已達適飲期的葡萄酒等高級的葡萄酒身上能看得到這種色調，同時也適合長期熟成。	色調深邃，通常用在相當熟成的葡萄酒身上。在雪莉酒中的俄羅洛索（Oloroso）或是貴腐酒能看得到這種色調。

観察外觀

外觀的形成要素

以產地的南北向
為軸線觀察看看

　　不論是紅酒或白酒，外觀形成的要素主要有產地的南北向、日照量、氣溫以及果實採收的時機等。且讓我們看看下一頁的圖。

　　產地的南北向是指產地是位在溫暖的地區還是冰涼的地區。以環境的特色來說，南方產地日照量大且氣溫高；而北方產地則日照量少且氣低溫。葡萄的果實如果生長在日照多且氣溫高的地方，那麼果皮的顏色就會比較深。**果皮的顏色如果深，那麼就會變成色調深邃且黏度高的葡萄酒**。相反地，如果是日照少且溫度低，那麼**所釀造出的葡萄酒就會色調較淡且黏度低**。以上這些因素也可稱為**產地特性**。

　　另一個重要的因素則是果實採收的時機。利用延長或縮短Hang Time（即果實留在樹枝的時間）來挑選採收的時機，可以調整葡萄的顏色和成熟度。不過，如果是緯度高的產區，由於晚秋的時候日照時間會縮短，同時葡萄也會因為寒冷而停止發育，因此有時並無法延長hang time。

果皮顏色、厚度和果實的
大小決定了葡萄酒的顏色

　　葡萄酒的顏色受葡萄的影響很大，白酒來自果皮的顏色，紅酒則除了果皮的顏色之外，和果實的大小以及果皮的厚度也都有關係。

　　白酒雖然不會進行和果皮一起浸泡的**浸皮法（maceration）**，但是由於在壓榨果汁的時候，果皮的顏色多少也會跑出來，因此即使是白酒，也**會依果皮的顏色而形成色調**，綠色系的果皮會帶著綠色，成熟的黃色果皮則會呈現深黃色。此外，帶著灰色而被分類為灰色系的葡萄如果完全成熟，則葡萄酒的顏色會稍微有點像肌膚色；如果是果皮的顏色再更深的葡萄，則有時也會變成帶著粉紅色調的白酒。

　　如果是黑葡萄，除了色素的絕對量和組成之外，和果粒的大小以及果皮的厚度也會有很大的關連。球體的表面積和半徑的2次方成正比，體積則是和半徑的3次方成正比。因此如果葡萄的半徑變成2倍，則表面積會變4倍，體積則變8倍。因此，**果實如果大顆，雖然果皮的表面積會變多，但成為液體的體積則會多更多，所以釀造出的葡萄酒會顏色淡而香氣薄**。果實如果小顆，則釀造出的葡萄酒會顏色深而香氣濃。此外，果皮如果較厚且富含色素的話，則葡萄酒的顏色也會比較深。

了解外觀的觀察重點之後，
接著讓我們來看看形成這些外觀的因素有哪些。

影響外觀的產地特性與採收時機

紅、白酒的外觀各自會按照南北向的位置而受其環境的影響。

| 產地的南北向 | ← 北方 | 南方 → |

北方是冰冷的產地，南方則屬溫暖的產地。以此為軸線來想想看有哪些要素。

紅酒

外觀顏色的深淺

白酒

外觀顏色的深淺

日照量　少　　　　　　　　　　　　　多

日照量少則葡萄酒的顏色會比較淡，黏稠度也較低；
日照量多則葡萄酒的顏色會變深，黏稠度也會增加。

氣溫　低　　　　　　　　　　　　　高

氣溫低則葡萄酒的顏色會比較淡，黏稠度也較低；
氣溫高則葡萄酒的顏色會變深，黏稠度也會增加。

採收　早　　　　　　　　　　　　　晚

縮短Hang Time則酸度會變多，延長則可以讓單寧變細緻。
此外，色素量當然也會因為Hang Time的延長而變得更多。

久保的
葡萄酒
趣聞　　　薄酒萊新酒（Beaujolais nouveau）因為藍色的色素多，
潑在布上變乾之後，布會變藍色的。

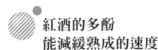

外觀與時間的關係

 ## 紅酒的多酚
能減緩熟成的速度

　　紅酒因時間而產生的變化,與品種的**色素量**有關。在同一個時間軸裡,色素量多的卡本內蘇維翁和色素量少的黑皮諾相比,卡本內蘇維翁的顏色變化會比較慢,而黑皮諾的變化速度快。這是由於色素成分中的**多酚**是屬於抗氧化物質,因此色素量一多,便能減緩熟成的速度。不過如果是陳年葡萄酒,像超過50年以上的那種,卡本內蘇維翁和黑皮諾卻是會不可思議地呈現出相同的色調。

構成顏色的要素多,
變化也大

　　如果是白酒,則隨著時間所產生的顏色變化會和**有無經橡木桶熟成**有關。非橡木桶熟成的葡萄酒會帶綠色,經過橡木桶熟成的葡萄酒則會帶金色。前者因為是在不銹鋼容器中發酵、儲放,因此幾乎沒有接觸到氧氣。另一方面,如果是放在橡木桶裡則會一點點慢慢地得到氧氣。特別如果像是攪桶等因為需要開栓攪拌,所以會有大量的氧氣進來。因為這些緣故,所以會讓在橡木桶熟成的葡萄酒產生相當大的變化。

葡萄酒因熟成而產生的顏色變化

色素量少的紅酒 淺色 青春活潑類型	
色素量多的紅酒 淺色 深邃類型	
橡木桶熟成的白酒 帶著 金色的類型	
非橡木桶熟成的白酒 透明(清澈)的類型	
非橡木桶熟成的白酒 帶著 綠色的類型	

青春活潑

上圖往右代表時間的經過,我們可以看到各自不同的顏色變化。年輕的時候色調鮮明,然後漸漸變深,顏色也起了變化。

因時間而產生變化的速度，是由什麼所造成的？
讓我們來找找看有哪些原因。

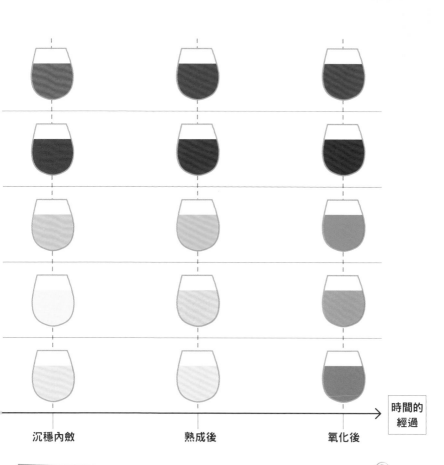

| 沉穩內斂 | 熟成後 | 氧化後 |

時間的經過

【品酒用語】

年輕的	有點成熟	氧化熟成後的感覺
輕盈的	成熟度高	已在氧化
已熟成	有濃縮感	完全氧化
相當成熟	已氧化	沉穩內斂

観察外観

整合外觀的資訊

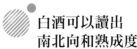

白酒可以讀出南北向和熟成度

那麼接著，讓我們從外觀的資訊來看看葡萄酒的類型。

這裡也是要先考慮南北向的位置。以此為軸線來觀察顏色的深淺、色調、黏稠度和清澄度，然後整合所蒐集到的資料之後，便能得知其相關背景。讓我們來比較下一頁的2種白酒看看。

[**A** 的外觀品評]
顏色有點淡，在色調上綠色較多。**表面厚度較薄，雖然有酒腿，但並不那麼清楚。**

[**B** 的外觀品評]
以顏色來說中間偏濃，色調屬於黃色帶有金色。表面厚度夠厚，酒腿也很明顯。

顏色淡的**A是在冰冷的地區**，而顏色稍深的**B是在溫暖的地區**所釀造。至於在**橡木桶熟成**方面，**A應該沒有經過橡木桶熟成**，即使有程度應該也不高，**B則可推敲出有經過橡木桶熟成**。

確認自己的感覺與事實是否吻合非常重要。如果有酒款介紹表（→p.27）等資料，那麼可以將所感覺到的東西拿來比對看看。

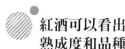

紅酒可以看出熟成度和品種

白酒如果只看外觀，並無法得知品種為何。但是**如果是紅酒，則多少能猜想得到可能的品種**。讓我們來比較下一頁的紅酒看看。

[**C** 的外觀品評]
色調較深，給人暗紅色的感覺。有厚度的表面，酒腿也有確實地出來。

[**D** 的外觀品評]
以顏色來說要比中間再淡，屬於紅寶石色。帶點微紫的橙色調。清澈，酒腿明顯。

很清楚地，顏色的深淺相當不同。C很明顯地顏色較深，D則顏色較淡。C應該是會讓顏色變深的品種，例如是卡本內蘇維翁或希哈等；D則是不容易讓顏色變深的品種，有可能是黑皮諾或嘉美等。（關於品種的顏色，請參照Part 5）

像這樣從外觀資訊當中，我們可以找出葡萄酒的類型和品種。請仔細觀察外觀，然後記住這些資訊。

蒐集完各種資訊之後，讓我們來
加以整理這些資訊以得知葡萄酒的樣貌。

白酒的外觀資訊

A

〈外觀資訊〉

色調	顏色稍淡。綠色很多。
清澄度	清澈、發出光芒般。
酒腿·黏稠度	表面較薄。雖然有酒腿，但並不那麼明顯。

怎樣的葡萄酒？ 在冰冷的地區所釀造？年輕的葡萄酒？

B

〈外觀資訊〉

色調	顏色中間偏濃，黃色為主帶金色。
清澄度	清澈的。
酒腿·黏稠度	表面厚，酒腿明顯。

怎樣的葡萄酒？ 在溫暖的地區所釀造？橡木桶熟成？

紅酒的外觀資訊

C

〈外觀資訊〉

色調	相當深邃。給人暗紅色的感覺。酒杯傾斜時，看不到中央的文字。
清澄度	不透明的深邃
酒腿·黏稠度	有厚度的表面，酒腿也有確實地出來。

怎樣的葡萄酒？ 卡本內蘇維翁？希哈？

D

〈外觀資訊〉

色調	顏色比中間再淡一些，屬紅寶石色。酒杯傾斜時隱約能看到中央的文字。
清澄度	清澄
酒腿·黏稠度	酒腿滿明顯的。表面厚度中等。

怎樣的葡萄酒？ 年輕的葡萄酒？黑皮諾？嘉美？

每個葡萄酒的解答

A：Karia Chardonnay/
　　Stag's Leap Wine Cellars
B：CATENA Chardonnay

C：Chateau Lagrange（Cabernet Sauvignon）
D：Domaine Bouchard Père & Fils（Pinot Noir）

表達外觀的公式

將該觀察的項目公式化，並固定這些順序。

用顏色深淺＋色調＋其他要素 來表達

├ 多深？ ├ 帶有○○顏色的 ├ 黏稠度
└ 多淺？ └ 名字 等 └ 清澄度 等

表達的例子

顏色較淺。因為明顯地是帶有粉紅的色調，感覺像膚色。清澈、像發出光芒般的清澄度。表面薄且幾乎沒有酒腿。
GRACE GRIS DE KOUSHU（甲州）

顏色中間偏濃。以黃色為主，但也帶著金色調，同時有一點點的綠。清澈，表面有點厚。酒腿清晰可見。 R de Rieussec
Chateau Rieussec（Sémillon）

顏色相當深，橙色稍重的深紅色，同時也帶點紫色調。酒腿有確實地出來，表面有厚度。
Mathieu Cosse Solis Domaine Cosse
Maisonneuve（Malbec）

呈現出相當淡而明亮的紅寶石色。清澈而有光芒，幾乎沒有酒腿。
Breuer Rouge Georg Breuer（Pinot Noir）

關於外觀的Q&A

Q 品酒時，只有一種顏色無法判斷，
這時候該怎麼辦？

A 可以比對一下Part 5的各種葡萄酒的照片，然後觀察
看看顏色的表現。

在比對照片時，有個地方要特別注意，那就是要和拍攝該葡
萄酒時的條件一致。另外，記得要在明亮的房間裡，將純白
的紙放在酒杯後面以進行比較。

Q 從外觀可以看出葡萄酒的品質狀態嗎？

A 多少可以。

例如白酒如果因為氧化而使酒質變差，通常會看起來黯淡且
陰沉，呈現出相當不健康的外觀。不過假如劣化的程度不
深，而我們又不知道葡萄酒在最佳保存狀態下的顏色為何
時，則無法做出判斷。另外，木塞味並不會讓外觀受到影
響，因此也無法判斷出來。

Q 顏色、深淺的變化速度會有不同嗎？

A 會。如果打開非常古老的葡萄酒，則變化會非常快
速。

這是以前曾經在勃根地的餐廳，打開50年以上的葡萄酒時所
發生的事情。當酒剛倒入杯子的時候，雖然橙色的色調蠻深
的，且確實地呈現紅色，但是大約過了1小時又30分鐘之
後，紅色卻完全消失不見了，然後變成類似灰色的顏色！真
的很讓人吃驚。

Q 如何辨別紅酒的光芒和透明感？

A 如果是顏色非常深邃的紅酒，則難以看到光芒。

如果是淺紅色，則具有透明感、顏色不混濁或是顏色鮮豔的
葡萄酒通常看起來會比較有光芒。

Column 3
何謂盲飲測試（Blind Tasting）？

　　隱藏酒名和品種等葡萄酒資訊所進行的品酒，我們稱之為盲飲測試（Blind Tasting）。

　　以2013年在東京所舉辦的世界侍酒師大賽為首，接著在很多的比賽中，都會舉辦盲飲測試以展現侍酒師的實力。2013年世界大賽的情形在電視上也有轉播。在盲飲測試的決賽當中，甚至還有出現大家都答不出來難題。這個難題的答案是「來自印度的白詩南白酒」。因為是決定世界侍酒師冠軍的大賽，所以出題困難是理所當然的，但對頂級的侍酒師來說，這應該也是讓他們重新體認到盲飲測試之困難的大會吧！

　　在其它喝葡萄酒的場合，偶爾也會有舉辦盲飲測試，然後我們會看到有人「碰巧」因為答對以前從沒喝過的葡萄酒而感到非常高興的樣子。不過遺憾的是，這個再怎麼說也只是碰巧罷了，實在沒有什麼意義。盲飲測試因為要用猜的，所以會讓人的心情起伏很大。此外，有些題目過於鑽牛角尖而容易流於像是在捉弄人。特別如果是資格考試，因為考的是品酒的基礎實力，因此與其過份地鑽研，能夠透過仔細解析平日所累積的資料，然後推論出正確的答案其實更重要。在平時的品酒之中，與其心血來潮地盲飲，倒不如好好蒐集正確的資料來品酒，將這些資訊整理好並確實地保存起來。從這樣的做法出發，那麼必然終會得到正確的解答，而非只是碰巧猜對。

Part 3
觀察香氣

葡萄酒裡有各種香氣。

為什麼會有這些香氣呢？讓我們來觀察看看形成的原因。

觀察香氣的方法

觀察
香氣

第一次的香氣形成印象，第二次的香氣確認其要素

品酒在此進入第二階段。首先，讓我們來看看觀察香氣的方法。

剛開始先不搖晃酒杯，慢慢地**第一次聞香**。首先是**緩慢的1秒鐘**。如果一開始就吸得太多，那麼會因為太習慣這氣味，而越來越難感覺到香氣。因此剛開始先只吸一小口的香氣，然後觀察看看**香氣量（volume）**和所感覺到的**第一印象**為何。感覺如何？香氣的類型是否和外觀所的感覺方向一致呢？

接著，再搖晃酒杯以進行第二次聞香。搖晃酒杯時，將酒杯晃動2～3次，透過讓裡面的葡萄酒和空氣接觸以增加表面面積，能有**散發出更多香氣的效果**。第二次聞香的時間大約**3～4秒**。

第一次的香氣是在靜止狀態下自然散發出的香氣，屬於揮發性最高的香氣；相對地，第二次的香氣則是經由搖晃酒杯所產生的香氣。這時所聞到的是在第一次香氣中還沒出現，其分子量較多較重的香氣；以及因**稍微附在酒杯的酒液在與氧氣接觸**發生變化而產生的新香氣。接著，從這些所聞到的香氣中，讓我們來找尋看看有哪些具體的要素能表達出這些氣味。

了解自己鼻子的特徵，訂出一套屬於自己的方法

在聞味道的時候，葡萄酒倒出來的量要和觀察外觀時一樣，須以**同樣的條件和方法進行**，這點非常重要。首先，必須要了解觀察香氣所用的工具，也就是要了解自己鼻子的特徵和聞味道時的習慣。就像每個人的臉都不一樣，其實我們每個人的**鼻腔（鼻孔內部）的形狀也都不相同**。因此，感覺香氣的方式也會因人而異。究竟會有哪些特徵和習慣上的不同呢？讓我們來觀察以下幾點，跟著聞聞味道看看。

是用右鼻吸還是用左鼻吸呢？亦或是用雙鼻一起吸呢？

是用力地吸還是慢慢地吸呢？

是小口小口地吸，還是一次大量地吸呢？

在每次品酒的時候，都請注意看看什麼方式能讓自己最能容易聞到香氣、強度還有量，以及聞的次數。知道了自己在聞味道時的特徵和習慣，以及怎樣的方式最舒服等之後，接著請將它們保持固定。

固定住觀察香氣的方式，將有助於蒐集出穩定而公正的資料。如此一來，即使在品酒時聞到葡萄酒的香氣非常少，那麼也不會懷疑是不是自己的鼻子出問題，而能夠自信地斷定出是這葡萄酒的香氣量太少。

為了能每次都以相同的方法觀察香氣，
讓我們來找出屬於自己的標準方式。

聞香的順序

1 緩慢地吸1秒鐘香氣

在第一次聞香的時候，先慢慢地將
鼻子靠近酒杯。在這裡要特別注意
的是不要聞得太久。如果聞得太
多，則鼻子的嗅覺會麻木，因此最
多差不多2～3秒即可，等到習慣
了之後，大約只要緩慢的1秒鐘即
可。

2 搖晃酒杯

搖晃酒杯中的酒液稱之為晃酒
（Swirling）。如果是右手持酒
杯，則反時針旋轉。搖晃的次數大
約2～3次。透過葡萄酒和空氣的
接觸，表面積的增加，以及附在酒
杯的酒液變化，將可以引出更多香
氣。

3 仔細地聞香

第二次聞香要用比第一次更久時間
來觀察香氣，優秀的侍酒師大概
2～3秒，一般像這樣的程度是最
適宜的。第二次的香氣會比第一次
的更多，我們可以參閱從第56頁開
始的**印象色盤**裡所列示的各種香氣
類型，找出所聞到的香氣有哪些要
素。

香氣的印象

觀察香氣

要素的集合體即為印象。以此做提示來形容香氣

在這裡，我們要介紹的是能夠精準地表達出香氣的技巧，而掌握其中關鍵的則是從56頁開始的**印象色盤**。這是將各種形容香氣會用到的用語分別依照不同的香氣種類加以分類，收在一張照片裡的東西。

這些印象色盤分別將紅酒、白酒依照淺色印象、深色印象、年輕印象和陳年印象加以分類。如果我們比較這些印象色盤看看，應該會注意到紅酒在**紅色的分配以及色調上有所差異**；而白酒則是以**白色、綠色和黃色為主，此外整體的色調也都不相同**。

像這樣集結各種香氣的要素，因而形成了我們對葡萄酒的印象。如果能活用印象色盤，便可以將出現在裡面的東西直接拿來做為表現用語使用。

首先，讓我們反覆多看幾次印象色盤，將它們牢牢地印在腦海裡。在聞香氣的時候，如果有哪個色盤突然浮現在腦海裡的話，那就代表你成功了！因此，先讓我們逐一回想排列在照片中的每個要素，找找看香氣之中有沒有該要素即可。

記住排列順序，將能更有效率地找出香氣的要素

從印象色盤中找出香氣的要素有一些訣竅。印象色盤是從中央開始以逆時針的方向排列這些香氣要素的種類。不論是紅酒還是白酒，基本上都是以**水果→花卉→植物→香料、草本植物**的順序排列。如果是紅酒，則途中還會加入巧克力或是動物系的要素；至於白酒，在香料以及草本植物之後則會出現蔬菜或是水果乾。

因此，訣竅就是我們可以順著種類的順序來尋找要素。在觀察香氣時，即使有忽然浮現出哪個印象色盤，但是如果將這些要素的順序給搞混了，那麼即使希望能夠想出適合的表現用語也會沒有辦法。因此在還沒習慣之前，讓我們先刻意地記住這些順序，將它們固定住。如果能夠將這些組合確實地放進腦海裡，那麼可以更容易找出適合的用語，如此一來便可以將味道流利地表達出來。另外，有時我們會因為被葡萄酒的某個強烈香氣所吸引，而不小心漏掉其它的要素，但是如果我們能夠依這些順序比對尋找，那麼則能防止類似這樣的失誤。本書所介紹的印象色盤有限，如果各位習慣之後，也可以挑戰試著製作出屬於自己的印象色盤看看。

活用印象色盤，
先從香氣中抓出大概的方向。

分析香氣的思考迴路

① 抓住香氣的第一印象

聞聞看香氣量（volume），大略
地感覺一下這是什麼味道以抓住第
一印象。

② 找出最能感覺到的要素

感覺一下在1所聞到的最強的香
氣，接著回想看看這樣的感覺像是
哪一個印象色盤，再設想出這是怎
樣的葡萄酒。

③ 尋找其他的香氣要素

將實際感覺到的香氣和印象色盤裡
的要素逐一比對看看。請從印象色
盤的中央開始，然後依照逆時針方
向比對。

對照 如果從香氣所感覺到的葡萄酒和實
際並不一致，則退回到2，擴大範
圍，重新找尋要素看看。

對照
○　一致
×　不一致　⇒　回到 2

久保的
葡萄酒
趣聞　在結婚典禮等用來裝氣泡酒的淺碟香檳杯（coupe glass），
據說是以法國瑪麗皇后的左胸為模型所設計出來的。

紅酒 | 淺淡感覺的**印象色盤**

以鮮豔的紅色果實和粉紅色的花卉印象為中心，綠色則讓整體增添緊繃感。雖然是可愛纖細的印象，但讓人想起冰涼的北方產地。

① 覆盆子
② 草莓
③ 紅醋栗
④ 石榴
⑤ 李子
⑥ 美國櫻桃
⑦ 櫻桃
⑧ 藍莓
⑨ 草莓糖
⑩ 羊齒草
⑪ 粉紅玫瑰
⑫ 粉紅百合
⑬ 紅玫瑰
⑭ 鳶尾花
⑮ 黑醋栗新芽
⑯ 西洋杉
⑰ 薄荷
⑱ 百里香
⑲ 蒔蘿
⑳ 木材

紅酒 | 深邃感覺的**印象色盤**

觀察
香氣

盛開的花朵、黑色果實加上果醬和巧克力、肉乾等，每個都感覺相當濃郁。不只讓人想到溫暖的南方產地，同時也能感覺到葡萄的熟度。

① 藍莓
② 黑醋栗
③ 黑莓
④ 黑櫻桃
⑤ 果醬
⑥ 稍微加熱的莓果
⑦ 蘭姆葡萄
⑧ 李乾
⑨ 無花果乾
⑩ 尤加利
⑪ 羊齒草
⑫ 黑醋栗新芽
⑬ 紅玫瑰
⑭ 更深紅的玫瑰
⑮ 鳶尾花
⑯ 芍藥
⑰ 乾燥花
⑱ 西洋杉
⑲ 丁香
⑳ 黑胡椒
㉑ 薄荷
㉒ 百里香
㉓ 紅茶
㉔ 咖啡豆
㉕ 香菇
㉖ 巧克力
㉗ 肉乾
㉘ 生肉
㉙ 香草
㉚ 雪茄
㉛ 皮革
㉜ 枯葉土
㉝ 腐葉土
㉞ 木材

紅酒 | 年輕感覺的**印象色盤**

鮮豔的紅色給人年輕的感覺，但當中也有相當顯眼的黑色果實、果醬，
還有皮革和肉的是所有紅酒一定都曾有過的年輕階段。

① 覆盆子
② 草莓
③ 紅醋栗
④ 石榴
⑤ 櫻桃
⑥ 美國櫻桃
⑦ 藍莓
⑧ 黑莓
⑨ 黑醋栗
⑩ 黑櫻桃
⑪ 果醬
⑫ 稍微加熱的莓果
⑬ 草莓糖
⑭ 西洋杉
⑮ 羊齒草
⑯ 鳶尾花
⑰ 紅玫瑰
⑱ 粉百合
⑲ 粉芍藥
⑳ 黑醋栗新芽
㉑ 薄荷
㉒ 百里香
㉓ 蒔蘿
㉔ 丁香
㉕ 黑胡椒
㉖ 香草
㉗ 生肉
㉘ 皮革
㉙ 木材

紅酒 ｜ 陳年感覺的**印象色盤**

觀察
香氣

整體呈現褐色系，怎麼看都是給人陳年的印象。
有許多要素並列的模樣，讓人感覺到複雜度。

① 藍莓
② 黑醋栗
③ 黑莓
④ 黑櫻桃
⑤ 萊姆葡萄
⑥ 無花果乾
⑦ 丁香
⑧ 黑胡椒
⑨ 西洋杉
⑩ 枯萎玫瑰
⑪ 乾燥花
⑫ 百里香
⑬ 香菇
⑭ 黑松露
⑮ 咖啡豆
⑯ 紅茶
⑰ 肉乾
⑱ 巧克力
⑲ 雪茄
⑳ 雪莉酒
㉑ 馬德拉酒
㉒ 科涅克白蘭地
㉓ 枯葉土
㉔ 皮革
㉕ 腐葉土
㉖ 木材

白酒 淺淡感覺的**印象色盤**

柑橘類的水果以及支配全體的綠色要素給人相當清涼的印象。
讓人感覺到悄悄開著的小白花或是棉花糖的淡淡甜味。

① 檸檬
② 萊姆
③ 葡萄柚
④ 青蘋果
⑤ 白桃
⑥ 麝香葡萄
⑦ 榠樝
⑧ 棉花糖
⑨ 羊齒草
⑩ 滿天星
⑪ 黑醋栗新芽
⑫ 茴香
⑬ 白蘆筍
⑭ 青蘆筍
⑮ 蔥
⑯ 百里香
⑰ 蒔蘿
⑱ 白吐司
⑲ 青麥稈
⑳ 啟莫里階石
㉑ 燧石

白酒 | 深邃感覺的**印象色盤**

整體更黃、顏色更深的色調。深色的水果、蜂蜜、和餅乾等華麗的香氣以及甘醇的味道，讓人想到暖煦的氣候。

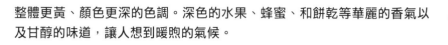

① 鳳梨
② 芒果
③ 紅蘋果
④ 洋梨
⑤ 杏子
⑥ 百香果
⑦ 糖漬黃桃
⑧ 荔枝
⑨ 蜂蜜
⑩ 白玫瑰
⑪ 黃花
⑫ 葡萄乾
⑬ 無花果乾
⑭ 香草
⑮ 胡桃
⑯ 烤杏仁
⑰ 餅乾
⑱ 微焦烤麵包
⑲ 法式香料麵包
⑳ 奶油
㉑ 木材

白酒 | 年輕感覺的**印象色盤**

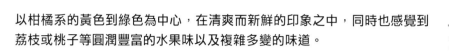

以柑橘系的黃色到綠色為中心，在清爽而新鮮的印象之中，同時也感覺到荔枝或桃子等圓潤豐富的水果味以及複雜多變的味道。

① 葡萄柚
② 檸檬
③ 萊姆
④ 檳榔
⑤ 青蘋果
⑥ 芒果
⑦ 白桃
⑧ 麝香葡萄
⑨ 荔枝
⑩ 棉花糖
⑪ 滿天星
⑫ 百合
⑬ 小白花
⑭ 黑醋栗新芽
⑮ 茴香
⑯ 蔥
⑰ 綠蘆筍
⑱ 白蘆筍
⑲ 綠尖椒
⑳ 百里香
㉑ 蒔蘿
㉒ 薄荷
㉓ 劍葉橙
㉔ 青麥桿
㉕ 啟莫里階石
㉖ 燧石

白酒 ｜ 陳年感覺的**印象色盤**

觀察
香氣

雖然都是白酒，但是有如盛開的白玫瑰、顏色更黃的水果、菇類和堅果、雪莉酒以及發酵食品等，明顯地色調更濃，散發出成熟的感覺。

① 鳳梨
② 芒果
③ 洋梨
④ 杏子
⑤ 百香果
⑥ 糖漬黃桃
⑦ 荔枝
⑧ 葡萄乾
⑨ 蜂蜜
⑩ 白玫瑰
⑪ 小白花
⑫ 茴香
⑬ 香菇
⑭ 白松露
⑮ 榛果
⑯ 胡桃
⑰ 咖啡豆
⑱ 蒔蘿
⑲ 百里香
⑳ 劍葉橙（乾燥）
㉑ 月桂葉（乾燥）
㉒ 香草
㉓ 奶油
㉔ 白黴乳酪
㉕ 烤麵包
㉖ 法式香料麵包
㉗ 雪莉酒
㉘ 重油
㉙ 啟莫里階石
㉚ 燧石
㉛ 銅（幣）
㉜ 木材

観察
香氣

香氣的表示

 **為了品評葡萄酒，
必須了解香氣的由來**

在觀察香氣時，**香氣成因的判斷是其重點之一。**

葡萄酒所散發出的香氣來源大致可分為三類。首先是**葡萄自己本身**的香氣；再來是做成葡萄酒後所散發的香氣，這是在**發酵、釀造的過程當中，透過人工方法**（釀造技術）所產生的香氣；最後則是經由**熟成**後所產生的香氣。這些分別歸屬在**第一類香氣、第二類香氣和第三類香氣（bouquet）**。

如果能夠知道所聞到的各種氣味是屬於哪一類香氣、成因為何，那麼就能夠推測出**品種特性、釀造方法、存放的年份以及葡萄酒產地**等資訊。在品酒時，可以將這些資訊加以整合並放進品評中。

除此之外，還有一些其他的香氣要素也值得我們留意。例如，在法國隆河地區的葡萄酒所用的希哈葡萄，在第一類香氣方面，我們能感覺到它有香料的香氣。但是經過橡木桶熟成過的葡萄酒也會經常出現香料的氣味，但它們卻是屬於第三類香氣。因此請記得，像是丁香或是肉豆蔻等，**即使是用的都是同一個單字，但是香氣的來源卻可能不一樣。**

 **活用香氣輪盤，有助於
理解香氣的多元性**

此外，在找尋香氣要素時，為了可以讓我們在品酒時更精確地描述氣味，有一種叫做香氣輪盤（→p.74）的東西可以加以活用。**印象色盤**是將不同印象的香氣要素整合成圖片，而香氣輪盤則是使用詞彙將**全部的香氣要素整合在圓形圖裡**。靠近圓心的是香氣的大分類，這和印象色盤裡的香氣分類是相同的東西，再往外一層則是分類更細的中分類，接著在最外層則是具體地列出各種香氣的要素，以做為葡萄酒共通語言中的表現用語。

用香氣輪盤，我們可以一次就確認出包括各類型的所有共通語言，然後**從這些眾多的選擇當中挑出適當的詞彙**。

此外，香氣輪盤還有另一個用處，那就是可以將**葡萄酒的香氣以系統化的方式呈現出來**。例如感覺到很多花香時，就可以說「這個主體是花香」等。

香氣的描述是相當多面且非常複雜的，如果能善加利用印象色盤和香氣輪盤，那麼將對品評的內容會有很大的幫助。

讓我們接著將香氣的要素加以整理、
分類，並使其內容系統化。

香氣的分類

● 第一類香氣

● 第二類香氣

● 第三類香氣

葡萄本身帶有的香氣屬於第一類香
氣。不過，並非所有的葡萄都有這種香
氣，像是麝香葡萄的麝香味以及格烏茲
塔明那葡萄的辛香味都是主要代表。此
外，像是白蘇維翁那青草般的香氣必須
和空氣接觸才會出現，因此有人認為不
應該分類在第一類香氣，不過現在大多
數的人還是將它歸類在第一類香氣之
下。其它具體第一類的香氣還有果實、
花和礦物的氣味等。

由發酵、釀造所產生的香氣屬於第二
類香氣。典型的例子有草莓糖果或香蕉
的香氣等，這是由稱作二氧化碳浸皮法
（→p.12）的釀造方法所產生的香氣。
其他還有像是在乳酸發酵（→p.180）
中因乳酸菌活動而產乳酪或優酪乳的香
氣、由未去酒渣的熟成法（Sur Lie）所
產生的法國白吐司（pain de mie）氣
味、或是因攪桶法（Bâtonnage）所形
成的烤麵包（le pain grillé）氣味等也
都是其代表例。

經由熟成所產生的香氣是第三類香
氣。不論是橡木桶熟成或是瓶裝熟成都
屬於這一類。如果是橡木桶熟成，則橡
木桶的風味會轉移到葡萄酒身上。由於
橡木桶是從酒桶內側烘烤製作的關係，
如果烘烤的程度較高則會出現烤肉的氣
味、程度輕一點則會感覺到奶油味。同
時，還會產生辛香料的氣味。另外，如
果是瓶裝熟成的話，則經常也會有年輕
時感覺不到的特殊香氣。

香氣輪盤

觀察
香氣

*以UC Davis分校版的香氣輪盤為基準製作。

關於香氣輪盤

此香氣輪盤從圓的中心開始是大分類，接著往外是中分類，最外側
則排列著小分類的香氣要素。在聞到香氣但找不到具體的詞彙可以
形容時會很有幫助。

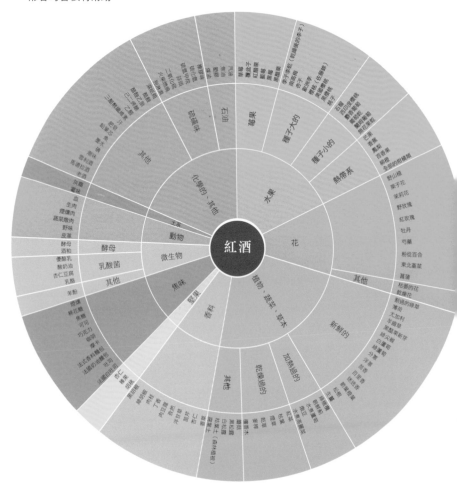

紅酒的香氣輪盤

白酒與紅酒的創意香氣輪盤。

各香氣輪盤的差異

紅酒和白酒的香氣要素各有不同。其中最大的差異是白酒加了柑橘
類水果的項目，紅酒則加了動物的項目。

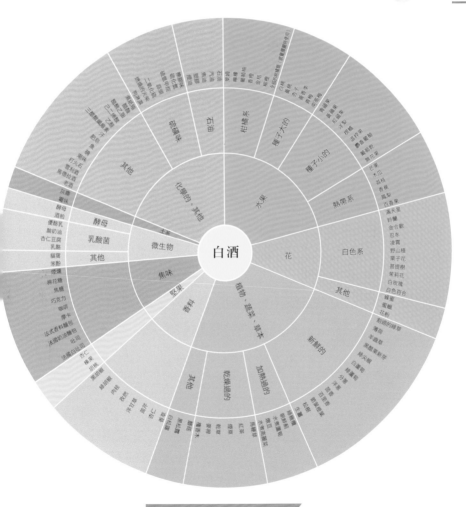

白酒的香氣輪盤

香氣的分類圖鑑

觀察香氣

讓我們來看看在香氣的表達上，可使用的要素有哪些。

● ⋯用來表達紅酒　　香氣的分類
● ⋯用來表達白酒　　① ⋯第一類香氣　② ⋯第二類香氣　③ ⋯第三類香氣

果實　紅莓果

草莓 ●①②

大多用在顏色較淡，口味新鮮，有著豐富果味的葡萄酒，給人甜味較酸味多的感覺。最常被用來形容嘉美葡萄的香氣。此外，貝利A葡萄（Muscat Bailey A）也會有這種香氣。在第二類香氣之中也經常會被拿來使用。

紅醋栗 ●①

大多用在色調明亮、口味新鮮的葡萄酒，給人酸味較甜味多的感覺。經常用來形容羅亞爾河谷地、阿爾薩斯或是勃根地北部等冰冷地區的黑皮諾等。英語稱作red currant，法語則稱作groseille。

覆盆子 ●①

大多用在色調明亮、口味新鮮的葡萄酒，給人酸中帶甜的感覺。主要用於形容勃根地或是紐西蘭的黑皮諾，此外，貝利A葡萄也經常出現這種香氣。法語稱作framboise。

果實　黑莓果

藍莓 ●①

雖然是黑色系果實，但也有酸味和帶點青澀的感覺。這種氣味經常出現在顏色較深的葡萄酒身上。不過，新鮮的藍莓其實不太容易感覺到這種味道，但是如果把它擠破然後稍微加熱就能聞得到這種香氣。法語稱作myrtille。

黑莓 ●①

顏色深、熟度高、有濃縮感，給人果味濃厚的感覺。經常出現在溫暖產地的梅洛、金芬黛或是希哈（希拉茲）等身上。

黑醋栗 ●①

成熟度高，具有濃縮感，有著相當特別的深黑色感覺。波爾多的卡本內蘇維翁等經常被形容成像是有黑醋栗甜酒（Crème de Cassis）般的香氣。日語稱作黑酸塊。

果實　白色到黃色的木生果

杏子　●●①

相當濃厚的色調，帶給人一種具有濃縮感的甜膩感覺。經常出現在索甸（Sauternes）或是休姆卡德（Quarts-de-chaume）等貴腐酒和晚摘的葡萄酒身上，此外，也經常出現在溫暖地區的維歐涅和白詩南葡萄等身上。日語稱作杏。

枇杷　●①

黃色比杏子較少的感覺。用於形容甜味較少，成熟度較低的時候。

桃子　●●①

能感到新鮮，同時帶著黏稠的甘甜，比起香氣的強度，更讓人感覺到的是葡萄的熟度。黃桃會比白桃的熟度更高，香氣更甜。如果感覺甜味更高的時候也會用糖漬桃子來形容。

果實　南國系

榲桲　●①

味道有如相當舒服的蘋果香，但是感覺氣味更強，更加華麗。不論酒甜度高低都有可能出現這種香氣，代表的有法國羅亞爾河谷地產的白詩南。

溫桲果　●①

薔薇科榲桲屬的溫桲果，這和木瓜屬的榲桲是不同的植物。色調近似榲桲，但是香氣更豐富，感覺更甘甜，黃色的氛圍也更強。

芒果　●①

熟度高，黏稠的甘甜之中帶著微微的苦味，香氣醇厚芬芳，有種溫暖地區所散發出的氛圍。在加州或是澳洲等陽光充足的溫暖地區所產許多品種之中，都能感覺到這種氣味。

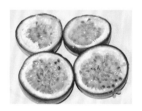

百香果　●①

具備完熟感，同時也給人淬煉的印象，強烈的香甜之中帶著清楚且銳利的酸味。波爾多和紐西蘭等地所產的白蘇維翁經過相當成之後會出現這種香氣。此外，貴腐酒也經常能聞到這種香氣。

鳳梨　●①

比完熟更加熟透的熟度，給人感覺是相當有力量的香氣。在加州或澳洲的夏多內，以及其他溫暖地區所釀造的白酒都能聞到這種香氣。

荔枝　●①

甜膩之中混著東方香料的獨特香氣。因為是相當好認又充滿的特色的香氣，有機會也可以實際聞聞荔枝本身所散發出來的香氣看看。主要用在形容格烏茲塔明那的香氣。

果實　蘋果類

青蘋果　●①

給人新鮮、清爽和酸酸甜甜的活潑感覺。經常出現在蜜思嘉或白蘇維翁等能感覺到青綠的各種白酒身上。如果熟度增加，則氣味會轉變成黃蘋果甚或紅蘋果般的氣味。

紅蘋果　●①

雖然同樣都帶著新鮮、酸甜的感覺，但是較常用來形容感覺葡萄酒的氣味比青蘋果更熟的時候。隨著熟度增加，還可以分為蜜蘋果、糖漬蘋果以及蘋果醬等。

洋梨　●①

香氣有如成熟後的榲桲，給人感覺少了點蘋果的酸甜而多了份甜味。經常用來形容熟度感覺比蘋果更高，整體氣味和諧一致的白酒。

果實　紅色木果

櫻桃　●①

包括粉紅酒等呈現出明亮的色調，小巧清爽，給人日本櫻桃品種佐藤錦般的印象。以較寒冷的產區的黑皮諾為主，包括其他許多品種都會有這種香氣。

美國櫻桃　●①

比起櫻桃，給人感覺明顯顏色更紅。有著和櫻桃一樣的酸甜香氣，通常用在感覺比櫻桃稍微更甜的時候。

李子　●①

李子有很多的品種，這裡指的是將紅李加熱後所散出的香氣。這種味道很常用在像是黑皮諾等顏色遂紅的葡萄酒身上。

果實　深色樹果

石榴　●①

用來形容紅色系且色調濃郁的葡萄酒，在酸甜的滋味中，感覺酸味較強的時候使用。經常出現在北方產區的葡萄酒身上。

黑櫻桃　●①

比美國櫻桃顏色更濃，甚至接近於黑色的感覺。有著和櫻桃一樣的酸甜香氣，通常用在感覺比櫻桃稍微更甜的時候。在顏色深邃的紅酒中，算是使用頻率相當高的表現用語。

歐洲李　●●①

歐洲李是新鮮的氣味。紫紅色的色調，感覺介於新鮮李子和乾燥李子之間。既有酸味也帶甜味，在淡紅色或是灰色系葡萄酒身上很容易出現這種氣味。

78

果實　柑橘系

萊姆　●①

酸味顯著的柑橘系當中，酸味更加緊繃銳利，給人綠色的感覺。即使都是柑橘類，最常用在寒冷的地區所產，感覺十分暢快的葡萄酒身上。

檸檬　●①

雖然容易讓人想到銳利的酸味，但是如果葡萄酒給人綠色的印象比較少的時候，倒是不限品種而能被廣泛地使用著。如果感覺還伴著濃的甘甜時，可以用糖漬檸檬來形容；如果感覺有苦味的時候，則經常可以用檸檬皮來表達。

葡萄柚　●①

在酸味尖銳的柑橘系當中，比檸檬或是萊姆更能感受到強烈的氣味。葡萄柚才有的特殊香氣，大多出現在白蘇維翁身上，特別是紐西蘭的葡萄酒感覺會更強烈。

果實　風乾、乾燥的果實

柳橙　●●①

比葡萄柚更甜美、成熟的感覺，氛圍相當柔和。不只是白酒，法國隆河北部地區的希哈等，也經常以香橙甜酒般的氣息來形容。

葡萄乾　●●③

葡萄乾燥後的感覺。常出現在使用相當成熟的葡萄釀造的葡萄酒，或經過相當熟成後的葡萄酒。用風乾葡萄釀造的葡萄酒，像義大利的阿馬龍（Amarone）紅酒或利帕索（Ripasso）紅酒等身上也都能聞到。

梅乾　●③

給人由溫暖土地所孕育出的完熟感，以及散發著李子特有鐵質般的氣息。在表現上有新鮮李子和乾燥李子這兩種情況。如果是用乾燥李子形容，通常給人的印象是透過風乾而成的葡萄乾或是相當熟成的感覺。

無花果乾　●③

無花果的香氣成分是苯甲醛，由於杏仁當中也有這個成分，因此彼此有種共同的氣息。經常表現在長時間在橡木桶裡熟成的紅酒或是酒精強化、口感順滑的紅酒身上。

糖漬水果　●●①③

在描述果味和甜味的時候，用來形容感覺就像是稍微加熱後產生的那種氣味。彷彿是將新鮮的果實倒進鍋裡加熱，開始冒泡滾開時所散發出的香氣。如果再繼續煮，讓味道變更濃則成為了果醬的氣味。

果醬　●●①③

在形容果味和甜味的時候，用來感覺像是使用非常成熟的葡萄所釀造，或是原本的香氣要素經過加熱後所散發的香氣。

紅玫瑰　●①

大朵玫瑰花般的感覺，在香氣強烈，感覺華麗時所使用。

野玫瑰　●①

小朵玫瑰花般的感覺，再加上一點綠色和野性的氣息。

枯萎的玫瑰　●③

同樣都是玫瑰，但枯萎的玫瑰通常用在華麗的味道中繼續熟成之後，給人枯萎乾燥的感覺時所使用。

花卉　白色系

乾燥花　●③

讓有花香味的紅酒熟成之後，便會出現猶如乾燥花般的乾枯氣息。經常使用在格那希（Grenache）或是田帕尼歐（Tempranillo）等生長自溫暖土地的葡萄品種，或是利用大的橡木桶熟成的葡萄酒身上。

芍藥、牡丹　●①

並非是實際上有聞到這種味道，而是在比較年輕的葡萄酒香氣之中，用來形容給人如芍藥或牡丹那樣優雅而高尚的氣息。

金合歡　●①

香氣並不特別明顯突出，有點微甜而溫柔的香氣。在白酒中，感覺帶有花香，給人可愛纖細的感覺時所使用。

滿天星　●①

與其說是用實際的香氣來比喻，倒不如說白酒如果帶有花香，且感覺更奢華時都可用滿天星來形容。這種香氣指的是滿天星剪下來後所發出的氣味。

忍冬　●①

給人白色花朵的印象，感覺甜味自然簡單時所使用。近年來在品評白酒時，算是使用頻率相當高的表現用語。

白玫瑰　●①

帶有花香的葡萄酒中，感覺印象十分華麗時所使用，不過能散發出白玫瑰實際香氣般的，僅有像是格烏茲塔明那等少數的有限品種。

花卉　由藍到紫色系

百合　●①

感覺像是白色且大朵，氣味強又十分具有個性的百合所散發出的特殊香氣。

東北堇菜　●①

紅酒給人感覺由綠轉紫的時候所使用。以前較常用在義大利的葡萄酒上，但現在許多地區的葡萄酒也都會使用。由氣候較涼的地區所產的葡萄所釀造的葡萄酒，經常能出現這種氣味。

鳶尾花　●①

感覺是花卉由藍到紫會有的香氣，聞到的香氣量比堇菜更多時所使用。

植物

草、草地　●●①

比起果味，更能讓人感覺到清爽的綠色氣息。比較常用在形容寒冷產地的白蘇維翁和蜜思嘉，或是用熟度較低的葡萄所釀造出的葡萄酒身上。

嫩葉、黑醋栗新芽　●●①

彷彿黑醋栗剛冒新芽時所綻放開來的香氣，給人活潑的鮮綠印象。據說形成這種香氣的成分是甲氧基吡嗪（Methoxypyrazines）以及氫硫基戊酮（mercapto-pentanone）。經常用來形容白蘇維翁的獨特香氣。

羊齒草　●●①

羊齒草通常用來形容綠色的香氣中，帶有濕氣的感覺。不只是白酒，紅酒也經常使用。

西洋杉　●①

這裡指的是擠碎西洋杉的嫩芽後所散發出的香氣。雖然常用來形容卡本內蘇維翁系的品種，但假如果實經常日曬而相當成熟的話，則這種氣味便會減少。英語稱作cedar。

乾草　●●①

正如同在牧草地卷成車輪狀的乾草所帶給人的印象。經常會用在白酒身上，在感覺到熟成或乾燥時使用。

枯葉　●③

已經超過適飲期，口感變得非常乾燥時所使用。屬於負面表現。

枯葉土 ●③

落葉、土，以及在陽光照不到的地上所長出的草所混合出來的氣味，給人潮濕的森林所散發出的氣味感覺。以季節來說屬於秋季，但這種氣味並非是負面意涵，而是形容因熟成而開始散發出來的那種味道。日語稱作森林植被。

腐葉土 ●③

由枯葉土的氣味持續熟成後所形成的香氣。這種熟成度並非不好，因此用語的表現也並非是負面意涵。

青椒 ●●①

在紅酒之中，卡本內蘇維翁系的品種經常會散發出這種氣味。通常用來表示葡萄沒有經過充足的日照，或是因通風不佳所產生的負面表現。在白酒當中，綠色感很重、來自寒冷地區的品種經常會有這種氣味。

蘆筍 ●●①

經常用於冰冷、年輕又新鮮的葡萄酒身上。紅酒和白酒給人感覺到綠色蔬菜時所使用。用綠蘆筍會比用白蘆筍給人感覺更有綠色的氣息。

莖 ●●①

給人的印象並非清爽，而是青草味的感覺。屬於負面的表現用語。

尤加利 ●①

像尤加利所散出的味道，在各種品種之中都有可能會出現。從落葉或是莖變成腐葉土後的味道中，會讓人在葡萄酒中感覺到彷彿薄荷味的尤加利香氣。

薄荷 ●●①

用來形容清爽，給人綠色感覺的香氣。白酒的話經常會出現在外觀的色調更綠的葡萄酒身上，紅酒則是經常出現在新世界所產的葡萄酒之中。

紫蘇 ●①

由綠轉成紫色調的紅紫蘇，感覺像是在同樣也是由綠轉紫的鳶尾花之中，再增添更多的綠色元素。阿根廷等所產的馬爾貝克（Malbec）經常會有這種獨特的香氣。

茴香 ●①

茴香本身所散發的香氣是茴香醚（anethole），和茴芹所散發的是同一種氣味。用來當作品酒用語時，通常指的是草一般的綠色氣息混合著像茴芹那樣的草本氣味所形成的味道。法語稱作fenouil。

馬鞭草　●①

馬鞭草是經常被當作花草茶來飲用的植物。用來形容感覺清爽，但香氣沒那麼強的時候。如果無法了解那種香氣，那麼可以拿茶包來聞聞看。日語稱作熊葛。

月桂葉　●①

稍微帶點爽快的氣息，因含有芳樟醇（linalool）和丁香酚（eugenol），所以散發獨特的草本氣味和華麗香氣。在表現上有新鮮和乾燥兩種，新鮮的感覺沉穩內斂，而乾燥的則給人香氣更強的印象。日語稱作月桂樹。

茴芹、八角　●①

茴香酒和用在中華料理中的八角所散發出的氣味，其主要成分是茴香醚，具有和茴香種子類似的甘甜味道。雖然是被當作植物來形容，但有時也被拿來當作草本或是香料的氣味。

香料

黑胡椒　●①

經常用在由溫暖而乾燥的地區所孕育出的紅酒身上，給人強而有力的辛辣感覺。雖然在許多品種都找得到這種氣味，但希哈所散發出來的會特別強烈。比起黑胡椒的種子的部分，這種香氣更像是黑色外皮的部分。

白胡椒　●①

在溫暖而日照豐富的地區所生產的白酒當中，很常會有這種辛香的氣息。此外，也會用來形容某些品種的個性，像是在說不上溫暖的土地上所生長的格烏茲塔明那或是希瓦那等。

丁香　●①③

經常用來形容像是茴芹加上中藥獨特的風味，再配合香草所形成的香氣。經常表現於生長在南法、義大利或是西班牙等溫暖乾燥的地區的品種，以及因橡木桶熟成而產生的氣味。

肉豆蔻　●①③

通常也會有聞到丁香的味道，給人微苦且帶有異國情調般的香氣感覺。大多出現在地中海沿岸地區的溫暖乾燥區域所培育出的品種，或者是因橡木桶熟成而產生的氣味。

甘草　●●①

這種氣味不是辣或苦，而是能強烈感受到非常像中藥的甘甜香氣。除了地中海沿岸的當地品種之外，也會出現在卡本內蘇維翁或是哲維瑞·香貝丹村（Gevrey-Chambertin）的黑皮諾等葡萄的身上。日語也稱作甘草。

薑　●●①

薑的獨特香氣是來自於薑酮（Zingerone），辛辣味則是來自於薑辣素（Gingerol）和薑烯酚（Shogaol）。雖然大多指的是生薑所給人的感覺，但由於用途是作為辛香料（spicy），因此也可以用來形容草本或是香料的氣味。

百里香　●●①

不僅是乾燥的百里香，有時也會用新鮮的百里香來形容。百里香本身所散發的高雅清香帶有獨特的氣味，經常是南法紅酒會有的香氣表現之一。北方地區的白酒則經常呈現出新鮮的百里香氣味。

迷迭香　●①

在草本植物當中，迷迭香擁有樟腦（樟樹芳香成分的結晶）般的獨特而強烈氣味。給人清涼的感覺以及綠色的印象，是表現在南法紅酒的灌木（Garrigue）氣味的構成要素。

堅果

杏仁　●●②③

烤杏仁的香氣來自橡木桶熟成。橡木桶的燒烤程度會對這種香氣的強弱帶來影響。夏多內在乳酸發酵後，再經過橡木桶熟成特別能感覺到這種香氣。

胡桃　●●③

這裡指的是果實可食用的部分所發出的香氣。在堅果類當中，通常會給人感覺稍微帶點綠色的氣息。有時也兼帶著比榛果再淡一點，但同樣都是經由氧化熟成所形成的氣味。

榛果　●●③

瓶裝或是在橡木桶內，經氧化熟成後所產生的香氣。通常以西班牙的雪莉酒（Oloroso）為其代表。法語稱為noisette。

芳香類

香草　●●③

不論紅酒或是白酒，主要是來自橡木桶熟成所產生的香氣。特別是新桶因為富含香草醛（vanillin）此一芳香成分，因此如果是使用新桶，則氣味會更加強烈。此外，如果酒桶用的是美國橡木，則甜味會更加明顯。

樹脂　●●①③

樹脂的香氣有時是來自橡木桶熟成所產生的氣味，有時則可能是希哈（希拉茲）或是塔那等葡萄本身的味道。通常新桶的樹脂香會更加強烈。

松果　●①

香氣之中稍微帶點松脂的感覺時所使用。

松木　●●①

通常用於同時帶有樹木的綠色香氣和樹脂芳香所形成的氣味。卡本內系的葡萄酒經常會出現這種香氣。此外，希臘的松香酒（Retsina）則是由於特別添加了松木的樹脂，因此才有這種香氣。

焦味

煙燻味　●●①③

這種氣味有可能是因葡萄酒放進內側經過燒烤的橡木桶內熟成所產生的香氣，也有可能是像白蘇維翁這種品種本身就散發出的煙燻味。不論是紅酒或是白酒都能聞到這種氣味。

烤橡木桶　●●③

這種味道完全是由於將葡萄酒置於橡木桶內熟成所產生的香氣，這是橡木桶烤焦後產生的氣味直接轉移到葡萄酒身上所致。不論是紅酒或是白酒都能聞到這種氣味。

煙草　●③

這裡指的不是香菸而是雪茄的香氣，基本上會用來形容熟成後的葡萄酒身上。經常表現在波爾多的高級葡萄酒以及橡木桶風味明顯的葡萄酒身上。

烤麵包　●●②③

用來形容酵母分解後所產生的香氣以及從橡木桶所發出的風味。給人淡淡的，相當舒服的香味感覺。在橡木桶熟成時有進行攪桶的葡萄酒或是酒糟也都會產生這種香氣。如果是來自橡木桶所產生的風味，則不論白酒或是紅酒都有可能出現這種氣味。

烤杏仁　●③

如同字面的意思一樣，指的是杏仁烤過之後所散發出的香味。經由橡木桶熟成或是氧化熟成後的白酒經常會有這種香氣。

焦糖　●●③

將砂糖慢慢地烤焦所散發出的香甜味。紅酒和白酒都可能出現這種香氣，經常出現在長時間熟成後的高級夏多內或是加烈酒身上。

85

棉花糖 ●●③

砂糖剛開始烤焦的時候所產生的淡淡的香甜味。主要出現在甲州等風味纖細的白酒身上。

可可 ●③

感覺像是烤可可豆所散發出的香氣，用來 表現在幾乎感覺不太有甜味的時候。這種味道經常出現在顏色深邃，具有濃縮感的葡萄酒身上。如果單寧感覺粉粉的，則有時候會用可可粉來形容。

巧克力 ●●③

雖然可可加了糖水就變成了巧克力，但是基本上這裡指的比較像是黑巧克力的香氣。在紅酒和白酒的身上，只要是色調深邃，帶有甘甜香氣的濃郁葡萄酒經過橡木桶熟成之後，都經常會散發出這種氣味。

化學物質

醋酸 ●●②

能感覺到香氣比較像是酒醋的味道，這是在發酵的過程當中，經酵母菌的作用所產生的味道。通常被視為負面氣味。

醋酸乙脂 ●●②

在黏塑膠模型的時候所使用的瞬間膠般的氣味。一般正常的葡萄酒也可能會有這種氣味，但是一旦濃度增加則會讓這種氣味加重而變的明顯，屬於是負面氣味。

酚類 ●●②

酚類屬於芳香族化合物之一，而這裡指的則是苯酚。如果出現在紅酒身上常被稱為馬槽味，在白酒身上則有如消毒水的味道。不論是哪一種，都屬於是負面氣味。

硫磺 ●●②

靠近溫泉區會聞到的氣味。大多用於形容葡萄酒在釀造時所添加的亞硫酸（二氧化硫）所發出的強烈氣味，或是因還原味而聞到的硫化氫味等。

碘 ●●②

又稱作「海藻」或是「潮水味」。過去曾經是海所形成的莊園，或是在靠近海邊的莊園所生長的葡萄經常會有這種味道。此外，櫻桃或是覆盆子的香氣如果發生變化，有時也會感覺到有如海苔般的氣味。

醚類

肥皂 ●●②

不加香料時肥皂本身的香氣。酒精濃度高的貴腐酒經常會有這種氣味。

蠟燭、臘 ●②③

蜂巢所形成的蜜臘。就像成熟的葡萄酒的柔順甜脤會散發出的香氣。貴腐酒或是晚摘葡萄酒都可以聞到這種香氣。

啤酒 ●②

用於能感覺到做為啤酒原料的啤酒花和麥芽混合時所產生的舒服香氣。

優格 ●●②

優格的香氣是來自於乳酸發酵時乳酸菌所產生的味道。紅酒或白酒都會有這種香氣。

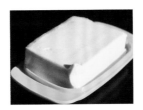

奶油 ●●②

奶油的香氣有來自乳酸發酵所產生的味道，也有來自在橡木桶發酵時，從橡木桶所溶出的木質素變成香草醛等所發出的香氣這兩種。

乳酪 ●●②

乳酪味通常來自乳酸發酵所產生的味道，再經由熟成所變化出的香氣。更進一步熟成之後，甚至會用乳酪坊來形容。

動物系

貓尿 ●①

羅亞爾河谷地等冰冷地區所釀造出來的白蘇維翁等所散發出的獨特香氣。這並非是負面的形容詞。法語稱作 pipi de chat。

狗淋溼 ●●②

沒有洗的很乾淨的狗被雨淋濕所散發出來的味道。通常用來形容像是野獸般的味道。

皮革 ●③

有如新皮包裡所發出的味道。雖然是說皮革味，但是通常是用來形容給人高雅印象時的香氣。經常出現在隆河北部的希哈身上，波爾多和勃根地的高級葡萄酒熟成時也會有這種味道。

生肉 ●①③

沒有脂肪的紅肉氣味，有如牛肉或鹿肉的血或鐵質所散發出的味道一般。在年輕的黑皮諾或希哈葡萄酒身上經常能感覺到這種氣味。

野味 ●③

在肉味當中，感覺獸味或動物味更明顯時所使用。隆河北部的希哈、義大利皮埃蒙特的奈比歐露，以及西南地方的塔那葡萄酒經過熟成之後，經常能出現這種味道。

煙燻肉 ●③

即所謂牛肉乾的香氣。將肉烘乾的味道，稍微帶點煙燻味，再加上香料所形成的風味。

麝香 ●①

麝香是從麝獐的香囊取出而作成的香料，散發出相當誘人的甜香。麝香葡萄本身的語源即來自這種香氣。因此，麝香葡萄類的品種以及維歐涅都能發現到這種香味。

其他

草莓糖 ●②

在發酵的途中，特別是採用二氧化碳浸皮法所產生的香氣，其中又以薄酒萊新酒為主要代表。經過二氧化碳浸皮的貝利A葡萄也會出現這種氣味。

蜂蜜 ●①

在使用成熟的葡萄所釀造出的葡萄酒當中，許多都能出現蜂蜜的香氣。香氣豐富的品種會有這種氣味，而其它原本的香氣內斂的夏多內，或是貴腐酒也都能清楚地聞到這種味道。

關於香氣的Q&A

觀察香氣

Q 有什麼方法能清除殘留在鼻腔的香氣嗎？

A <u>有。</u>

將鼻子靠近手肘內側，然後聞一聞自己的味道就能立刻清除殘味。有機會的話可以試試看。

Q 在觀察香氣時，一定要葡萄酒倒入酒杯後就立刻進行嗎？

A <u>可以的話，最好立刻觀察香氣。</u>

另外，要觀察倒完酒後呈現靜止狀態時的香氣和晃酒後的香氣，這兩個都非常重要。因為倒完酒過一段時間，香氣慢慢接觸到空氣之後，會轉換成和氧氣結合後的新氣味，因此記得這兩種香氣都要觀察。

Q 東北菫菜究竟是怎樣感覺的香氣呢？

A <u>清新、能感覺到藍色，帶點冰冷的內斂香氣。</u>

以品酒的角度來說，這種氣味比較是屬於花香，給人感覺像是藍色系的花朵，花朵不會太大。總之，用來形容像是藍色小花感覺般的氣味。

Q 什麼是還原味，為什麼會出現這種味道？

A <u>各種氣味的集合體。失去氧或是得到氫。</u>

氧化的相反即是還原。以化學來說，指的是和原本的狀態相比，少了氧或多了氫的狀態。因為這不是只有一種氣味，而是指整體呈現還原的狀態，因此稱作各種氣味的集合體。長期處於缺氧的狀態下容易發生這種現象。最近，從榨葡萄開始便採用能阻絕氧氣的壓榨機，接著在不銹鋼桶裡發酵，然後不供給氧氣直接在酒槽裡熟成、接著裝瓶，像這樣的釀造方式便很容易會產生還原味。由於是因還原狀態而產生的氣味，因此只要大量供給氧氣，則大多數的情況這種味道都會消失。但由於是各種氣味的集合體，所以這當中也有氣味是不會消失的。像是酵母在不銹鋼桶底下結塊等所發出的硫化氫也是屬於還原味的一種，聞起來像是雞蛋腐壞的味道。如果是這種氣味，在短時間則不容易消失。

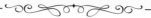

Column 4
又稱作木塞味的Bouchonné
指的是什麼？

　　如果很愛喝葡萄酒，那麼總有一天會遇到稱作「Bouchonné」的異味。在還沒有打開酒瓶之前，光用看的是無法預知「這就是Bouchonné」，因此只能等待哪一天會不小心遇到。但是為了瞭解葡萄酒是否健康，這應當是我們該事先知道的味道及現象。

　　Bouchonné一般又稱為木塞味，有人說像是霉味或是濕的抹布放著不管的臭味，就我的感覺來說，比較像是地鐵的工地現場所飄出來的味道，那種發霉且混雜著水泥未乾的異味。

　　不管是怎樣的感覺，都能聞到的味道則是「霉味」。會出現這種味道，是由於住在軟木塞裡的黴菌，經氯消毒時所產生的一種叫三氯苯甲醚（TCA）的物質。這種物質是人類的嗅覺閾值（感覺的臨界點）當中最低的物質之一，據說只要滴一滴在代代木競技場的泳池裡也會被發現，算是相當好認的臭味。

　　不過，其實還有很多種臭味都類似這種味道，以用來分析易揮發的化合物質（氣體）的氣相層析法儀來檢測，即使所測得的數值為零，但是有時還是會覺得好像聞到這種氣味。這就好比如果我們將蜂蜜和小黃瓜放在一起聞時，會感覺到像是哈密瓜的味道一樣。不同的氣味物質互相結合，便會使我們的鼻子產生錯覺。所以，當我們打開葡萄酒時，有時也會發生同樣的現象。

　　因此，如果有聞到這種味道，有可能真的是Bouchonné，但也有可能是其它氣味只是聞起來像是Bouchonné。

Part 4
觀察味道

感受一下葡萄酒在嘴裡的味道。
讓我們來觀察看看裡面甜味、酸味以及整體的味道。

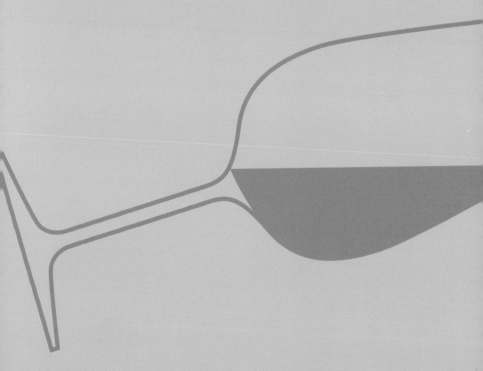

觀察味道的方法

觀察味道

 ## 了解自己感覺味道的習慣和方式

品酒的最後階段：品嘗味道。在這個階段，為了也能用一樣的標準來品酒，有兩點需加以留意。

第一是葡萄酒進入口中的量。和觀察香氣的方式一樣，**固定葡萄酒進入口中的量非常重要**。在入口時，記得要掌握住多少的量能讓自己最容易觀察味道。

第二則是要了解自己是如何感覺味道。感覺嘴巴裡的味道是舌頭，舌頭上有味蕾細胞，能夠接收甜味、酸味、**鹹味、苦味以及鮮味**這五種味道，透過神經細胞快速地傳達到大腦，然後分辨出不同的味道。舌頭的構造以及感受味道的方法眾說紛紜，然而就像每個人的鼻腔都不一樣，舌頭的味蕾細胞分布也會因人而異。除此之外，每個人對於味道的分辨能力也都不盡相同。

讓我們觀察看看食物和飲料進入口中時，**舌頭對哪種味道的感受最明顯，以及對哪種味道的感覺最敏感**。有時即使只是嘗一小口也能清楚地知道那是哪種味道。如果能夠了解這些特徵，那麼將可分辨出更細微的味道。

 ## 味道的觀察是以濃淡和多少的形式來表現

觀察味道的方法和觀察外觀及香氣都不一樣。在外觀上，主要是用大多數人都能感覺到的客觀角度收集正確的資訊，香氣則是由於難以明確地向其他人表達出來，因此會改用別的東西來形容。至於味道的觀察，**甜味或是酸味看的是程度，其它的要素則是以濃淡和多少來表達**。剛開始學品酒時，時常可看到有人把觀察香氣和味道搞混，然後以香氣的表現方式來形容味道。不過，其實味道是無法以像**觀察香氣那樣用別的東西做比喻的**。

接下來，讓我們來看看觀察味道的重點。觀察味道時，葡萄酒從進入口中到吐出來之間，在適當的時機內，有一些部分需加以觀察確認。讓我們以入口瞬間的印象也就是**前味**（→P.94），再來是**味覺**（→P.94）之中最先出現的**甜味**，然後是緊接著立刻出現的**酸味**，如果是紅酒，則在這之後是**單寧**（澀味，→P.96），接著是漸漸能夠感覺出葡萄酒整體味道的**酒體**（→p.97），最後則是吐出來之後所殘留的**餘韻**（after，→p.100）等這樣的順序來觀察看看。在熟練之前，建議可以將這些順序先記下來，然後照著這些順序或是品酒表的項目逐一進行觀察。

讓我們進入最後的階段，也就是觀察味道。
首先，應該從了解自己感覺味道的方式和步驟開始。

觀察味道的重點

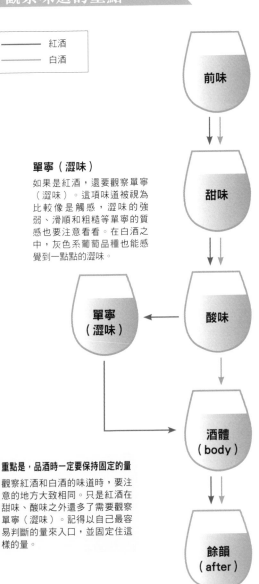

―――― 紅酒
―――― 白酒

前味

前味
即第一印象。確認看看剛入口時的感覺和滋味。乾爽、黏稠、味道強勁、朦朧的感覺、或是覺得爽快等，先將這些直接的感受記在腦海裡。

單寧（澀味）
如果是紅酒，還要觀察單寧（澀味）。這項味道被視為比較像是觸感，澀味的強弱、滑順和粗糙等單寧的質感也要注意看看。在白酒之中，灰色系葡萄品種也能感覺到一點點的澀味。

甜味

甜味與酸味
葡萄酒入口的瞬間，可以將甜味和前味一起仔細感受看看。如果一開始就有感覺到甜味，即使後來因為受到酸味的影響而讓我們覺得味道不甜，那麼還是可以依所感覺到的客觀事實而做出酸味也很強的結論。但是如果疏於觀察，則會不小心誤以為該葡萄酒沒有甜味，這在品評時一定要特別注意！

單寧（澀味） ← **酸味**

酒體（body）

酒體
葡萄酒的結構大小是以酒體一詞做為表現。就整體的構成要素而言，結構大的稱為酒體豐滿，小的則稱為酒體輕盈，另外還有介於中間的酒體。

重點是，品酒時一定要保持固定的量
觀察紅酒和白酒的味道時，要注意的地方大致相同。只是紅酒在甜味、酸味之外還多了需要觀察單寧（澀味）。記得以自己最容易判斷的量來入口，並固定住這樣的量。

餘韻（after）

餘韻（after）
確認美味所殘留下來的餘韻長短。味道很快就消失的話算短，如果能殘留5秒以上的則算長，此外還有介於中間等共3種長度可以感覺看看。

前味／味覺

前味＝第一印象。
在入口的瞬間集中意識。

　　葡萄酒進入口中時，最初感覺到的第一印象稱為前味。所謂的前味，並沒有什麼分數或是標準，而是綜合各種要素所形成的評價。因此，只要將感覺的味道直接當做前味即可。不過，這並非是說可以隨便表達自己的感覺。至少，我們應該要抓住葡萄酒入口瞬間時的感覺和觸感，然後試著用下面的共通用語來表達看看。

　　即使在第一印象中有感覺到澀味，但也無法當作前味來品評。

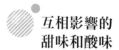
互相影響的
甜味和酸味

　　當葡萄酒入口後，和前味幾乎同時感覺到的是甜味，緊接著感覺到的是則是酸味，會產生時間差是因為每種味道的反應速度不同所致。此外，**甜味和酸味會深深地互相影響**。因此，如果甜味強就會覺得酸味較弱；如果酸味強則會覺得甜味較弱。

　　讓我們實際親身體驗看看甜味和酸味對彼此的影響。準備好下面3種東西：在同樣的葡萄酒裡第一個加糖，另一個加酸，最後一個則什麼都不加（原酒）。先讓我們用原酒和加了糖的來比較酸度，應該會覺得後者的酸度比較低。接著，如果用原酒和加了酸的來比較甜度，則應該會覺得後者的味道比較不甜。原本是相同的酸度和甜度，但是因為感覺的方式不同，而讓甜味和酸味彼此互相影響，因而造成了我們在味覺上的錯覺。讓我們好好地了解這種現象，將這些感覺情報在腦中加以整理以探求葡萄酒的真實面貌。

【品酒用語】		
清新的前味	滑潤的前味	甜味弱
濃厚的前味	粗糙的前味	柔順的甜味
黏稠的前味	有衝擊感的前味	豐富的甜味

在口中，觀察看看葡萄酒的感覺、觸感還有味道。
直接將感覺用共通語言表現出來。

分辨砂糖與甘油，
判斷味道甜或不甜。

在甜味當中，還有一個需要分辨的，那就是殘糖和甘油。殘糖是像葡萄糖或果糖那樣的單醣類，而甘油則屬於三元醇，是酒精發酵時所產生的物質。在判斷葡萄酒甜不甜的時候，能用自己的舌頭來辨識出其甜味是否來自殘糖是非常重要的一點。那麼，該如何分辨殘糖和甘油之間的差異呢？殘糖和砂糖的味道相同，只要調1ℓ約10公克左右的淡糖水，然後記住那種味道，這在分辨甘油上會很有幫助。

弄清楚類型和量的多寡
確實地感覺出酸味

酸味有各種類型，有感覺很酸，帶攻擊性、給人相當尖銳印象的酸味；也有感覺相當沉穩、柔和的酸味。在葡萄酒所含的成分當中，前者以蘋果酸為主，而檸檬酸也是屬於這一類。後者的代表則是乳酸。然後屬於中間的則是酒石酸。在酸味的表達上，雖然不用舉出各種類型來表達，但是在觀察整體的味道時，還是必須要以類型以及量的多寡當作軸線來加以觀察確認。因為這在品酒上是屬於比較困難的技巧之一，因此先讓我們注意個別的特徵然後品評看看。

有沒有苦味？
礦物也屬於苦味。

五味之一的苦味主要是來自植物，奎寧則是苦味成分的代表之一。苦味的成分原本是植物為了要保護自己不被動物侵襲所產生的物質。雖然和動物一樣，苦味原本對人類來說也是難以接受的味道，但是它的特色則是在於經過學習之後，就會變成感覺相當舒服的好味道。這和變成大人後，可能會喜歡上野菜或是啤酒的味道是一樣的。葡萄酒多少都會有苦味，這是來自於容易產生苦味的葡萄品種、礦物或是橡木桶。

[品酒用語]

有殘糖	清楚的酸味	圓潤的酸味
銳利的酸味	滑順的酸味	柔軟的酸味
爽快的酸味	細緻的酸味	溫和的酸味

單寧的質與量

單寧是紅酒當中非常重要的元素。
讓我們來觀察看看隨著時間會產生怎樣的變化。

 單寧是以質與量作為表現，以此推測出熟成度。

單寧是紅酒中所含的**澀味成分，以質與量作為表現**。單寧量的**多寡**也可以用多酚值來測得。

澀味並不包含在用舌頭所感覺的五味當中，而是**透過整個口腔，包含牙根的黏膜等來感覺的**，一般被認為比起味覺應該更算是觸覺。這種味道就像是咬澀柿的時候，**留在牙齦的澀味一樣**。這種感覺又稱為**收斂性**，澀味有時也會以**收斂性的強弱來形容**。

過去曾經認為粗澀的單寧會互相結合，變成渣後沉澱，因而使葡萄酒的口味變得柔和圓順。但近來則發現，單寧**在葡萄酒這樣的ph值下其實並不會發生結合，相反地還會被切斷而變得短小**。此外，**單寧結合而變成較大的分子後，澀味甚至會變得更加強勁**。目前，在果實的階段就已經能夠分析出單寧的熟度。因此雖然是年輕的葡萄酒，但是也可能釀造出讓人感覺彷彿已經完全熟成般的柔和滑順感。

依單寧的質感所做的品種分類

單寧強勁／表現豐富的品種

卡本內蘇維翁
希哈（希拉茲）
奈比歐露　等

單寧較弱／表現內斂的品種

黑皮諾
嘉美
貝利A葡萄　等

【品酒用語】

刺一般的	強而有力的	沙沙的
粗糙的	細緻的	絲絨般的
粗的	細緻緊密的	絲綢般的

酒體

常常聽到酒體這個詞。這是用來表現什麼的詞呢？

各種要素的綜合評價

酒體是廣為人知的葡萄酒用語。在介紹葡萄酒的背面酒標或許能找的到寫著酒體豐滿或是酒體輕盈的詞彙也說不定。雖然聽過這個詞，但是很難了解其真正的意思。

酒體是用來描述葡萄酒的結構大小。單寧的多寡、酒精的感覺、濃厚或是濃縮感等是用來觀察結構的要素，而綜合這些要素所作出的評價即為酒體。綜觀來說，結構大的稱為酒體豐滿，小的則稱為酒體輕盈。但是這並非有絕對值，

而是依照品評人自己的感覺來區分出酒體豐滿和酒體輕盈的界線，其中還包含著灰色地帶。另外，酸味也是構成味道的要素之一，如果酸味較多則會感覺滑順，這經常也是判斷酒體是否輕盈的依據之一。

酒體原本主要是用來形容紅酒，但現在也可以用在白酒身上。

不同品種的酒體感覺

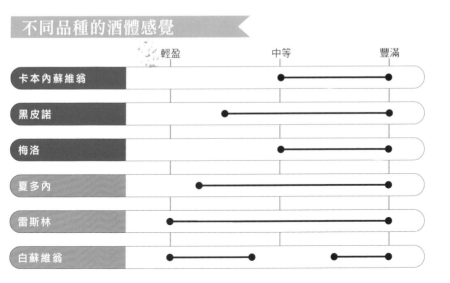

複雜度

複雜的葡萄酒和簡單的葡萄酒。
從各種的差異中來看看什麼是複雜度。

 ## 要了解複雜性，必須找出五味和收斂性以外的其他要素

葡萄酒之中，有**複雜的葡萄酒和簡單的葡萄酒**。複雜度和酒體一樣，雖然知道意思，但要以什麼當作基準來判斷是複雜還是簡單可說是非常困難的一點。在實務上，**味覺中的五味和收斂性等無法表現出來**的部分，通常會用複雜度這個詞來形容。

以由富含鐵分的土壤所孕育出的黑皮諾為例，由這種葡萄所釀造的葡萄酒，除了五味和收斂性以外，如果還能感覺到鐵質、多種礦物、以及濃縮果實般的

感覺的話，則可以判斷出具有複雜度。

另一方面，法國薄酒萊所產的葡萄酒，除了五味和收斂性以外，雖然還有相當活潑的果實味，但是只有這樣則稱不上是具有複雜度的葡萄酒。

像這樣**結合多種要素，因而產生出複雜度**。

另一方面，**五味和收斂性以外的要素越多，複雜度也跟著增加**。因此，具有**複雜度的葡萄酒通常被視為偉大的葡萄酒，同時複雜程度也反映在價格上**。

產生複雜度的要素

熟　成

· 橡木桶發酵
· 因為熟成而使成分變化　等

土　壤

· 礦物感
· 鐵味　等

複雜度

五味以外的味道

· 果實味
· 花味
· 辛辣感　等
↓
複合要素

均衡感

紅酒和白酒中，判斷是否均衡的軸線與調和的方法並不相同。
構成葡萄酒的要素是否和諧，是評斷葡萄酒好壞的重點。

白酒是由甜味和酸味所形成的雙軸線

品酒進行到最後，讓我們綜合目前所蒐集到的情報來評價葡萄酒。所謂的均衡感，**觀察的是構成葡萄酒的各項要素是否和諧**，通常是用來評斷葡萄酒好壞的重點。

在白酒方面，均衡感是以**酸味和甜味這兩條軸線來進行比較**。不過，這意思並不是說酸味和甜味需彼此一直保持平衡。酸味多而甜味少的情況，可以呈現味道銳利但不甜的均衡感。甜味多而酸味少的情況，則呈現出甜的均衡感。兩者都多的情況，則味道酸中帶甜，呈現出華麗且豐富的均衡感。甜味和酸味都少的情況，則葡萄酒會呈現出淡如水般的呆板味道。此外，因為葡萄酒的構成要素不只有這兩種，即使這兩種要素並不協調，但是如果有**其他要素來彌補，那麼還是可以讓葡萄酒很好喝的**。

紅酒是加上單寧所形成的3軸線

另一方面，如果是紅酒，除了和白酒一樣是用甜味和酸味來看，**另外還要再加上單寧，以這3軸線來觀察均衡感。**由於判斷均衡感的方法用是3條軸線，雖然會比白酒更複雜更難，但是**單寧的和諧，對紅酒是否均衡來說實在是非常重要的因素**。

單寧如果太突出，則會破壞均衡感；如果不足，則感覺像少了點什麼。

在品酒的時候，把均衡感當作綜合評價即可；不過如果是單純地只是在享受葡萄酒，則整體是否均衡還需要把**飲用時的場合和情況給考慮進來**。

例如在夜晚只喝紅酒的時候，單寧內斂、口感豐醇的葡萄酒應該會比較適合。如果是要搭配食物而在用餐時飲用的話，假如葡萄酒本身是單寧非常強勁的類型，**在搭配食物時則能夠發揮影響力**，特別是在吃帶有脂肪的肉類時，若能搭配紅酒一起喝的話，則單寧的澀味遇上動物性脂肪之後，會轉化成相當美味的甘甜。在知道紅酒的均衡感也包含這一面之後，在判斷均衡感的時候可以稍加留意看看。

久保的葡萄酒趣聞　能釀造出美味葡萄酒的產地，也一定會有美味的餐廳。

餘韻（After）

觀察味道

葡萄酒的價值取決於餘韻。
為何餘韻被認為如此重要？

 **餘韻的重要性是起因於
法國料理的餐桌禮節**

葡萄酒的美味所殘留下味道稱作餘韻或是after。在品酒的時候，將葡萄酒吐出來之後，感覺**餘韻能持續多久，通常能殘留的時間越長，評價也就越高**。

為什麼在觀察葡萄酒的美味時，會有餘韻這一項呢？這個答案就在以法國料理為首的歐洲飲食文化裡。

在日本，很多人在飲食的時候，即使嘴巴裡還有食物，也還是會直接喝酒或喝飲料。感覺就像是用飲料把食物吞下去一樣，這在法國料理的禮儀上是NG的行為。口中的食物要確實地吞下去才喝葡萄酒，被認為是符合禮儀的行為。

依照法國料理的這項禮儀，在吃完食物之後才喝葡萄酒，食物的味道會和葡萄酒的味道互相結合，形成非常絕妙的風味。這讓許多人充分地體驗並享受到，原來食物和葡萄酒可以搭配出如此美妙的滋味。就這樣，**餘韻的悠長也成為了葡萄酒所追求的價值之一**。

 **葡萄的底蘊
決定餘韻的悠長**

關於餘韻的持續，有的強而有力，有的涓涓細流。餘韻是否持久，主要是**根據葡萄本身的底蘊所決定的**。此外，就算由各種要素而使酒體豐滿，卻也不見得餘韻就會十分悠長。總之，不論是酒體豐滿還是纖細的葡萄酒，都有可能留下相當悠長的餘韻，這一點值得我們特別注意。

美味感

該如何評論葡萄酒的美味？

 ## 來自胺基酸的鮮味巧妙地與美味結合

美味的感覺也是難以用數值或是程度來測量的抽象要素。喜好會改變，也有一些部分很難與其他人發生共鳴。但是關於美味的感受，基本上來自兩個方向。第一是來自五味當中的鮮味。這是酵母進行分解時，由胺基酸所產生的美味，形成於釀造的過程當中，例如白酒發酵完畢後，不經過除渣，而是繼續和葡萄酒泡在一起的未去酒渣的熟成法，或是攪拌橡木桶及酒桶內的酒渣，讓它們和葡萄酒接觸的攪桶法等。甚至是紅酒有時也會在釀造時，刻意去接觸酒渣。另一種則是巧妙地搭配味道的均衡感和複雜性，讓美味的感覺油然而生。

到目前為止，透過品酒所做的資訊蒐集及分析的目的為何？其實這是為了能夠讓自己綜合各項因素，然後訂定出評價「美味」的一套標準。今後，為了也能觀察味道的均衡感與複雜度，而不是只用好不好喝來當作判定標準，因此希望能夠將味覺的訓練一直持續下去。

對味道如果能有更進一步的認識，那麼遇到感覺「非常好喝！」的葡萄酒的機會也會跟著增加。如果所體驗到的美味能夠和侍酒師或者葡萄酒愛好者的感覺一樣，那麼應該就表示你已經養成一定的品酒實力了。

美味感的由來

美味感

來自鮮味的成分

利用未去酒渣的熟成法／攪桶法／瓶內二次發酵讓葡萄酒與酒渣一起熟成的方法　等

刻意讓葡萄酒與酒渣接觸的方式　等

味道的均衡感＋複雜性

久保的
葡萄酒
趣聞

 有貝利A這樣的日本葡萄，其它還有貝利B、貝利C！

關於味道的Q&A

Q 「迷人的（charming）」這個詞，通常是用在什麼時候？

A 如字面的意思一樣，用在葡萄酒給人感覺相當迷人可愛的時候。

感覺葡萄酒的酒體輕巧、香氣內斂，同時又覺得很有魅力時候，我會用「迷人的」來形容。

Q 所謂的「漂亮的葡萄酒」，通常是用在什麼時候？

A 用在葡萄酒找不到缺點時。

指所用葡萄相當健康，沒有一顆生病或是受到損傷；發酵管理很完美，沒有野生酵母或酒香酵母（Brettanomyces）等不好的酵母或壞菌繁殖；酒槽或橡木桶的清潔相當徹底，在乾淨的狀態下所釀造出來的葡萄酒。雖然也有人認為這樣的葡萄酒並不怎麼有趣，但我個人則是滿喜歡的。

Q 我不知道礦物（mineral）是怎樣的味道，有什麼方法可以訓練嗎？

A 多喝富含礦物質的硬水看看，就可以了解那種特殊的味道。

含有多種礦物質成分的是「Contrex」。如果是要高鈣的話，則可以試試來自義大利溫布利亞的「Sangemini」。即使是同一個牌子，如果水源不同則礦物質的成分也會改變，所以記得看看標籤然後確認一下成分。

Q 如果找不到合適的詞彙，該怎麼辦才好？

A 請一次又一次地努力表達。

只要努力尋找適合的詞彙，總會有答案出來。

如果這樣還是不行，那麼就聽聽看別人在品酒時是怎麼說的。或許會突然恍然大悟：「啊！原來可以這樣說啊！！」

此外，多觀察香氣輪盤也是個不錯的方法。

資料的建檔

品酒大致已經學得差不多了，
接著讓我們來整理看看這些資訊。

在盲飲時回想看看，然後將這些資訊加以建檔！

透過觀察葡萄酒的外觀、香氣以及味道，我們已經取得並分析相關資訊，然後進行了綜合評價。在今後持續進行的品酒當中，從這裡所得到的資訊將會是非常重要的資料，同時也是讓自己的品酒能力向上的基礎。

透過品酒所得到的**資訊雖然也可以記在腦海裡**，但是為了在**盲飲測試**的時候可以方便我們回溯出這些**片斷**的資料，最好還是在檔案夾上貼上標籤然後加以建檔。這種做法一點都不難，只要照本書所學到的品酒步驟，並依其重點，如

顏色、色調、香氣的要素、味道或酒體等項目貼上標籤即可。另外，在建檔的時候，最好先設定分類的基準線。例如可以考慮產地的南北方、時間軸或是色調的軸線等。這些設定沒有一定的規則，**只要自己覺得怎樣最方便即可**。

最初都是從資料夾很少，只寫了一點點的檔案開始的。因此，就讓我們整理資料夾和檔案櫃，然後讓資料和標籤慢慢增加。只要建檔越來越多，不只能用在品酒，平常聊到葡萄酒話題時，也一定會變得更加有趣。

建檔方式的範例

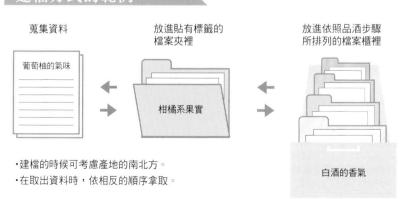

蒐集資料

放進貼有標籤的
檔案夾裡

放進依照品酒步驟
所排列的檔案櫃裡

葡萄柚的氣味

柑橘系果實

白酒的香氣

・建檔的時候可考慮產地的南北方。
・在取出資料時，依相反的順序拿取。

Column 5
在餐廳點酒的
訣竅為何？

　　有學過葡萄酒，對挑選葡萄酒很有信心的人來說雖然一點都不需要擔心，但是如果走進有點氣派的餐廳，看到酒單上寫著一堆自己都不知道的葡萄酒時，或許還是會感到很緊張。像這個時候，請務必拜託侍酒師幫忙推薦。很多的餐廳都有專屬的侍酒師。在餐廳點葡萄酒時，能善加利用侍酒師是最好的。

　　因此，能夠正確地傳達出自己喜歡，或是想喝的葡萄酒非常重要。雖然侍酒師能夠幫我們找出適合的酒，但是如果不能好好地表達出自己的喜好，那麼有可能甚至還會點到不是自己想喝的葡萄酒而覺得困惑。為了使侍酒師能夠幫我們找到適合的葡萄酒，記得要提供多一點的訊息。不見得需要具體地講出酒名，像是「白酒的話，我不要太酸的」或是「喜歡有橡木桶風味的」等，只說出個大致的方向也沒關係。把以前曾經喝過覺得不錯或是覺得好喝的葡萄酒用手機拍下來，然後給侍酒師看也是個可以很快就能清楚地表達出來的技巧。

　　同時，也要自然地表示希望的價位。如果是一起分攤，向對方詢問希望價位並不會有什麼問題，但如果是不適合詢問對方的場合，可以向侍酒師指一下酒單中符合的價位，然後說「大概像這樣的葡萄酒」，那麼應該就能讓他們推薦出適合的葡萄酒。侍酒師的工作就是要向客人推薦最適合的葡萄酒。對他們而言，能夠提供有用資訊的客人就是最棒的客人。

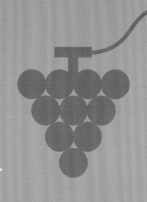

Part 5

認識品種

這是依照品種所做的品評。

在實際品評該葡萄酒的時候，可以想像一下然後觀察看看。

Part 5的使用方式

葡萄的品種名
介紹的是葡萄的品種名。

葡萄的特色
針對該葡萄的特色進行解說。

主要的產地
種植該品種的主要產地。

葡萄酒的特色
介紹由該品種所釀造出的葡萄酒其特色。

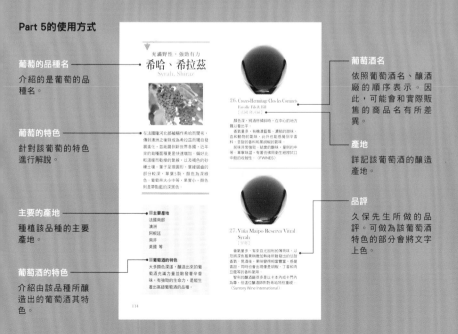

充滿野性、強勁有力

希哈、希拉茲
Syrah, Shiraz

在法國隆河北部被稱作希哈而聞名。傳到澳洲之後則成為希拉茲而獲日發展進化。並拓展到新世界各國，近年來的葡萄面積變是快速增加，偏好比較溫暖而乾燥的氣候，以及褐色的砂礫土壤。葉子呈現黑形，葉緣鋸齒的部分較深，單葉5裂，顏色為深綠色。葡萄形大小不等，果實小，顏色則是帶點藍的深黑色。

■主要產地
法國南部
澳洲
阿根廷
南非
美國 等

■葡萄酒的特色
大多顏色深濃，釀造出來的葡萄濃充滿力量並散發著辛香味，有強勁的生命力，是能生產出高級葡萄酒的品種。

葡萄酒名
依照葡萄酒名、釀酒廠的順序表示。因此，可能會和實際販售的商品名有所差異。

26. Crozes-Hermitage Clos les Cornirets
Favolle Fils & Fill
[羅亞爾河 法國]

顏色深，稍呈紫傾斜時，在中心的地方難以看出字。
香氣量多，有機清醋竟，濃郁的甜味，血和動物的氣味，此外也能感覺到辛香料、荔枝的香料和果肉經過的氣味。
酒味非常強勁。結實的酒味，量剩的中等。單寧謹温，有著抵靠阿衛生根排抹口中間的收斂性。（FWINES）

產地
詳記該葡萄酒的釀造產地。

27. Viña Maipo Reserva Vitral
Syrah
[智利]

香氣量多，有來自太陽光的薄苛味，以及帶來果種陳加熟後所散發出的甘甜香氣，完身味，果味變得相官豐富、感覺香甜。同時也會出現優雅是胡椒、丁香和肉豆蔻等的辛香味。
智利的葡萄酒多是以日本本冊普門內為算，但是位醸造時所針對和地特別重視。（Suntory Wine International）

品評
久保先生所做的品評。可做為該葡萄酒特色的部分會將文字上色。

114

黑葡萄之王
卡本內蘇維翁
Cabernet Sauvignon

能釀造出最高級葡萄酒的品種之一。雖然種植本身並不那麼的困難，但偏好排水佳的砂礫質土壤和比較溫暖的氣候，如果在寒冷的地方則無法完全成熟。葉子是橢圓形，單葉五裂，葉緣鋸齒的部分是深濃的綠色。葡萄串和果實都較小，呈現深黑色。

■主要產地
法國波爾多等地區、世界各地

■葡萄酒的特色
與生俱來的色素和單寧量很多，通常能釀造出顏色深遂，結構強大的葡萄酒。非常適合橡木桶，是大多數生產者會用橡木桶來熟成的品種。由於單寧很多，因此熟成很花時間，但是隨著單寧熟度分析的技術日益進步，現在也可以釀造出很快就可以飲用的葡萄酒。

1. Château Lagrange
【法國 波爾多 聖朱利安】

顏色偏濃，帶著陰暗的深紅色。將酒杯傾斜時，在中心的地方好像看得到字。

散發著黑醋栗、黑櫻桃等顏色深而相當活潑的莓果香氣。植物般或是香料的味道也隱約可以聞到。

有力量的前味、酸味柔和、沉穩內斂。單寧雖多卻相當細緻。能感覺到結構很大。〈FWINES〉

2. Château Lagrange （比1的年份多9年）
【法國 波爾多 聖朱利安】

從橙色到茶色的感覺較多，其中也有一點紫色。

倒完酒後，香氣量很多，有熟成的感覺。能聞到肉乾、丁香和肉豆蔻等香料氣味，還能感覺到巧克力、**萊姆葡萄和水果乾**的氣味。

在口中時，構造很大，有柔順的熟成度，同時也感覺到還有能繼續再熟成下去的潛力。〈FWINES〉

3. Chateau Duhart Milon Rothschild
【法國 波爾多 波亞克】

香氣量很多。能感覺到黑醋栗、黑櫻桃還有在Lagrange（1、2）所沒有的些微西洋杉氣味。晃酒後，充實的甘甜果味會更濃。完全表現出橡木桶的風味和複雜度（年份和1一樣，但品酒時則是多放3年）。

單寧多，有著卡本內為主體所呈現出的堅實結構。〈FWINES〉

5. Los Vascos Grande Reserve
【智利】

顏色相當濃，帶著陰暗的深紅色。將酒杯傾斜時，在中心的地方看不到字。

散發著黑醋栗、黑櫻桃等顏色深而相當活潑的莓果香氣，還有**來自尤加利的薄荷味**。

有力量的前味。酸味重，和飽滿的濃縮感呈現出反差，相當有智利的風格。
〈Suntory Wine International〉

4. Bonterra Cabernet Sauvignon
Bonterra【美國 加利福尼亞】

顏色有點深，以卡本內蘇維翁來說，感覺算明亮。

香氣量多，有著柔和甘甜的香氣、糖漬紅醋栗和忍冬的氣味。晃酒後，會有點**陳舊的感覺，也有一點酪酸的味道。**

是散發著自然濃縮味和感覺相當柔順的葡萄酒。
〈FWINES, Suntory Wine International〉

6. Suntory登美之丘酒廠 登美之丘 紅酒
【日本 山梨】

稍微明亮的深紅色。

香氣以黑醋栗、黑櫻桃等黑色果實為中心。此外還有胡椒、煙草、杉樹嫩芽，以及香料等氣味。

雖然也有濃縮感，但比其他的波爾多葡萄酒（1、2、3）感覺還要纖細、端正，骨架十分確實。橡木桶的風味較少，能感覺到力量和還可以繼續熟成下去的潛力。
〈Suntory Wine International〉

7. Bin 407
Cabernet Sauvignon
Penfolds〔澳洲〕

顏色相當濃，帶著陰暗的深紅色。將酒杯傾斜時，在中心的地方看不到字。

來自尤加利的薄荷味相當重。此外也能感覺到黑醋栗、黑櫻桃等顏色深的莓果、萊姆葡萄和苦甜的香料味。

有力量的前味，酸味沉穩柔順。在口中**有黑櫻桃搗碎後所發出的濃厚感。**

〈FWINES〉

8. Cathedral Celler
Cabernet Sauvignon
KWV〔南非〕

顏色稍深，色調則帶點明亮度的深紅色。將酒杯傾斜時，在中心的地方看得到字。

香氣量相當多，有藍莓、黑櫻桃、西洋杉、天竺葵和香料的氣味。

雖然柔和但能感覺到重量的前味。屬於有力量的葡萄酒，單寧量相當多，構造較強而有力。〈國分〉

黑葡萄之女王

黑皮諾
Pinot Noir

雖然世上的生產者都想種植看看，但相當不好照顧，屬於困難度滿高的品種。不過根據不同的土壤，如果是種植在相當適合的土地上，那麼也有可能會釀造出最高級的葡萄酒。偏好寒冷的氣候，以及排水佳的石灰質土壤。葉子是橢圓形，鋸齒葉緣的部分顏色較淺，單葉三裂。葡萄串雖小，但果粒緊密為其特徵。果實小，果皮薄，帶著深紫到藍的黑色。

■主要產地
法國勃根地、
香檳區
美國
瑞士
澳洲
紐西蘭
■葡萄酒的特色
因為與生俱來的色素量較少，所以通常葡萄酒的顏色也不深。釀造出的葡萄酒不論是香氣或味道，都有莓果的感覺。

9. Bourgogne Pinot Noir La Vignée
Bouchard Père & Fils
【 法國 勃根地 】

紅酒中算相當淺的亮紅色。將酒杯傾斜時，在中心的地方能清楚地看得到字。

有粉紅櫻桃、草莓等紅色莓果的香氣，此外還有像是烤柴魚般的香味。

輕盈而豐富的果味。有點刺刺的酸度，能確實地感覺到飽和度。給人清新活潑的印象，又帶著恰到好處的複雜度。
〈FWINES, Suntory Wine International〉

11. Pinot Noir
Erath
【 美國 奧勒岡 】

香氣量多，有如美國櫻桃、藍莓、莓果倒進鍋裡稍微加熱後的氣味，也有紅色花卉和香料的感覺。晃酒後，還會出現**一點動物的氣息**。

有濃縮感的前味，能感覺到甜味。沉穩的酸味，量則適中。其飽滿的果味，是相當符合奧勒岡風格的黑皮諾。
〈FWINES〉

10. Savigny les Beaune Aux Grand Liards
Simon Bize
【 法國 勃根地 薩木尼古堡 】

有加上莊園名的村莊級葡萄酒。

在紅酒當中顏色算薄，但就黑皮諾來看，顏色深度算是中等。

輕快向上散發的香氣相當豐富。給人美國櫻桃和李子的感覺。

強而有力的前味，能感覺到完全成熟帶來的甘甜。構造自然，雖不大但能感覺到結實的緊繃感和彈性。慢慢地會出現美味的葡萄酒。〈LUC Corporation〉

12. Williams' Vineyard Pinot Noir
Koyama Waipara Wines
【 紐西蘭 】

比其他的黑皮諾，顏色明顯更濃。

香氣量相當多，有美國櫻桃、黑櫻桃，和鉛筆芯等會讓人聯想到黑色東西的氣味，同時也**強烈地散發出辛香料的味道**。

充滿力量的前味，單寧量稍多一點。是自然甘甜，果味直接而飽滿的葡萄酒。
〈Village Cellars〉

13. Beanue Graves Vigne de L'Enfant Jesus
Domaine Bouchard Père & Fils
〔法國 勃根地 伯恩丘〕

Bouchard Père & Fils在伯恩村所生產的頂級酒。和9的等級差別雖然很大，但顏色的深淺則幾乎一樣。

有黑櫻桃、藍莓、野玫瑰、香料和**鐵**的氣味。

是複雜又豐富，同時還能感覺到濃縮感的葡萄酒。**構造大而層次多。**
〈FWINES〉

15. Breuer Rouge
Georg Breuer
〔德國 萊茵高〕

相當淺的亮紅色。

香氣量多，有像櫻桃、草莓、李子、紅色小花等散發出可愛又迷人的魅力。另外，也有杏仁豆腐般的味道。

味道感覺輕盈而富果味。單寧量相當節制，是非常德國式的黑皮諾，屬於酸味**既銳利又美麗**的葡萄酒。
〈Herrnberger Hof〉

14. Gevrey-Chambertin
Domaine Hubert Lignier
〔法國 勃根地 哲維瑞·香貝丹〕

和其他來自科多爾（Côte-dOr）的（9、10、13）比較，屬色調最明亮的一款。

香氣量相當多，有酸櫻桃（griotte，歐洲香氣強烈的櫻桃）、紅色花卉、香草和香料的氣味，同時也會明確地聞到哲維瑞·香貝丹經常出現的**甘草香。**

雖然感覺柔和甘甜，但也有堅固的實心構造，是相當具有濃縮感的葡萄酒。
〈LUC Corporation〉

16. Laurent-Perrier
ROSÉ
〔法國 香檳區〕

雖然不是靜態酒，但是如果要談到黑皮諾則絕對不能少的一款葡萄酒。將皮諾100%堅持用浸皮法釀造，有著相當美麗的橙紅色的粉紅香檳酒。

新鮮的莓果香氣，含在口中後，**有著彷彿用力咀嚼佐藤錦那樣的粉紅櫻桃或是紅醋栗、李子般所散發出的新鮮氣息。**
〈Suntory Wine International〉

卡本內弗朗／
黑皮諾

卡本內蘇維翁的母親

卡本內弗朗
Cabernet Franc

生育出卡本內蘇維翁的品種。雖然在波爾多屬於襯托用的配角，但在羅亞爾河中段流域則被當作主角而廣泛地種植。比較寒冷、或是濕潤的地方都能順利生長，對疾病的抵抗力高。

18. Chateau Daugay
【 法國 波爾多 聖愛美儂 】

雖然用卡本內弗朗的比例不是最多，但是在波爾多當中算是使用比例＊最高的葡萄酒（比 17 多19年，比 19 多18年）。

色調相當淺，像是褐色到紅磚色間的顏色。香氣甜美而華麗。有水果乾、可可、西洋杉和一點丁香的氣味。

熟成後會轉變成纖細又高雅的葡萄酒。〈FWINES〉

＊梅洛50%、卡本內弗朗40%、卡本內蘇維翁10%

17. Chinon Clos de Turpenay
Château de Coulaine
【 法國 羅亞爾河 】

顏色中間偏濃，紫色多一點。

香氣量多，有藍莓、紫色花卉、糖漬櫻桃的感覺和西洋杉等新鮮的草本香氣。

新鮮的前味，屬於酸味骨架確實的葡萄酒。纖細又緊繃，給人肌肉精瘦般的印象。喝起來非常舒服，餘韻也很值得期待。〈FWINES〉

19. Domaine des Quarres
【 法國 羅亞爾河 】

中間偏濃，帶點暗色，紫色稍微多一些，同時也有一點褐色的色調。

香氣甜美而華麗。有糖漬櫻桃、紅色小花、以及西洋杉的草本香氣，同時還有一點丁香的氣味。

銳利而優雅的酸味，給人緊繃的感覺。單寧量中等，口味相當不甜。屬於輕盈又帶有果味的葡萄酒。〈FWINES〉

既是主角也是配角

梅洛
Merlot

環境適應力高，栽種的面積也多。像佩楚酒堡（Petrus）那樣能釀造出超高級的葡萄酒，在質與量都屬於是世界最高水準的品種。喜好較溫暖的氣候和含保水力高的黏土質土壤。葉子呈現相當有特色的楔形，葉緣鋸齒部分較深，單葉5裂，顏色為深綠色。葡萄串較長但密度較疏，果實偏小或是約中等大小。果皮也是中等厚度，顏色則是帶點藍的黑色。

■主要產地
法國各地，特別是波爾多地區
義大利
美國
智利 等

■葡萄酒的特色
有著豐富的果味，酒體相當豐滿。單寧比卡本內蘇維翁還要沉穩，能釀造出口感柔順的葡萄酒。

20. Château Moulin du Cadet
【法國 波爾多 聖愛美儂】

顏色有點深，帶著陰暗的深紅色。將酒杯傾斜時，在中心的地方好像看得到字。

香氣量多，舒服的濃縮果味，有著糖漬醋栗和熟成後所發出來的香氣。

在口中時的構造大小中等，能感覺到熟成的風味。前味圓潤，有著相當柔軟的酒體。可以留意看看和構造容易堅硬的卡本內之間的差異。〈FWINES〉

21. Merlot Sonoma County
Chateau St. Jean
【美國 加利福尼亞 索諾瑪縣】

顏色相當深。將酒杯傾斜時，在中心的地方好像看得到字。

香氣量多，有藍莓、黑櫻桃、黑醋栗、香料和薄荷的氣味。晃酒後，香甜的氣味會四溢，相當奢侈華麗。

單寧量雖然相當多，但屬於是圓潤又溫和的單寧。構造稍大，是能感覺到濃縮感的葡萄酒。〈FWINES〉

22. Santa Carolina Merlot Gran Reserva

Santa Carolina〔智利〕

顏色相當深，帶著陰暗的深紅色。將酒杯傾斜時，在中心的地方看不到字。

香氣量多，有黑櫻桃和黑醋栗的氣味，但不是新鮮而像是加熱過所散發的味道，此外還有黑胡椒和丁香等香料味，橡木桶的風味也十分豐富。

圓潤飽滿結構相當大的葡萄酒。感覺味道極為濃縮。最後還有像吃黑巧克力般的餘韻。〈Suntory Wine International〉

24. Columbia Valley Merlot

Chateau Ste. Michelle
〔美國 華盛頓〕

顏色稍深。將酒杯傾斜時，在中心的地方看得到字。

香氣量大約在中間，**紅色莓果的感覺**較強。同時也聞得到紅醋栗、藍莓和香料的氣味。晃酒後，**紅色莓果的香氣會突然變更強**，香料的味道也會更加清楚，此外，也會出現胡椒、丁香和肉豆蔻的氣味。

直率地洋溢著果味，展現出魅力，是相當迷人的葡萄酒。〈FWINES〉

23. Hobnob Merlot

Georges Duboeuf
〔法國 奧克區〕

香氣量多，有著壓倒性的果味，彷彿加熱過的感覺，此外還有巧克力和萊姆葡萄的香氣。晃酒後，會出現甜甜的香氣，有烤杏仁、香草和甘草的味道。

前味圓潤，感覺相當飽滿。單寧量雖然很多，但是因為有相當充實的甘甜和果味，所以不會讓人覺得不舒服。另外，後味還有彷彿黑醋栗搗碎後般的味道。
〈Suntory Wine International〉

25. Japan Premium 鹽尻 梅洛

Suntory 鹽尻酒廠
〔日本 長野〕

顏色有點深，紫色稍多，橙色也感覺較多。

香氣量多，有藍莓或是黑櫻桃般的甜香以及紅色花卉般的氣味。晃酒後，則會出現日本鹽尻所產的梅洛那種煮紅豆所發出的香味，有時也會有羊齒草般的植物氣味。

感覺溫和的前味。單寧量約中間或再多一點。內斂而雅致。
〈Suntory Wine International〉

充滿野性，強勁有力
希哈、希拉茲
Syrah, Shiraz

在法國隆河北部被稱作希哈而聞名，傳到澳洲之後則成為希拉茲而獨自發展進化，並拓展到新世界各國，近年來的栽種面積更是快速增加。偏好比較溫暖而乾燥的氣候，以及褐色的砂礫土壤。葉子呈現圓形，葉緣鋸齒的部分較深，單葉5裂，顏色為深綠色。葡萄串大小中等，果實小，顏色則是帶點藍的深黑色。

■**主要產地**
法國南部
澳洲
阿根廷
南非
美國 等

■**葡萄酒的特色**
大多顏色深邃，釀造出來的葡萄酒充滿力量並散發著辛香味，有強勁的生命力，是能生產出高級葡萄酒的品種。

26. Crozes-Hermitage Clos les Cornirets
Fayolle Fils & Fill
【法國 隆河區】

顏色深，將酒杯傾斜時，在中心的地方難以看得到字。

香氣量多，有糖漬藍莓、濃郁的甜味、血和動物的氣味，此外也能感覺到辛香料、苦甜的香料和黑胡椒的氣味。

前味非常強勁。結實的酸味，量則約中等。單寧味澀，有著彷彿用衛生紙擦拭口中般的收斂性。〈FWINES〉

27. Viña Maipo Reserva Vitral Syrah
【智利】

香氣量多，有來自尤加利的**薄荷味**，以及將深色莓果稍微加熱後所散發出的甘甜香氣。晃動後，**果味變得相當豐富**，感覺香甜，同時也會出現像是胡椒、丁香和肉豆蔻等的香料氣味。

智利的釀酒廠很多是以卡本內或卡門內為尊，但這家釀造廠則對希哈特別重視。〈Suntory Wine International〉

28. Bin 28 Kalimna Shiraz
Penfolds
【澳洲】

顏色相當深，帶著陰暗的深紅色。將酒杯傾斜時，在中心的地方看不到字。

能聞到**來自尤加利的薄荷味**、還有彷彿將黑櫻桃或黑醋栗快煮成果醬（果醬膏）、**黑橄欖**和香料的香氣。濃郁的氣味和薄荷的暢快感是其主要特色。

前味相當濃郁又十分強勁。在口中會有像黑胡椒等的辛香味殘留。〈FWINES〉

29. Cathedral Cellar Shiraz
KWV
【南非】

顏色稍深的紅色。將酒杯傾斜時，在中心的地方好像看得到字。

香氣量相當多，能感覺到**李乾**、微枯的紅玫瑰、辛香、黑胡椒、可可以及將莓果放進鍋裡加熱後的氣味。

前味雖然柔和，卻相當有份量。酸味感覺柔順、圓滑。是果味充足且相當濃郁的葡萄酒。〈國分〉

Column
喝剩的葡萄酒該如何處理？

◆

你是否覺得葡萄酒打開之後，就必須要趕快喝光呢？的確，葡萄酒打開之後就會逐漸開始氧化，不過其實也不用這麼急著要趕快喝完。舉例來說，如果開錯瓶葡萄酒，其實只要立刻再把它拴緊，即使過了一個月後，從氧化的角度來說，味道也不會變質。不過，在栓酒瓶的時候可能會有黴菌等細菌跑進去，因此最好是放在冰箱裡存放。此外，沒有喝完而剩下來的葡萄酒也可以用同樣的方法保存，在2～5天之內還是可以享受著葡萄酒的美味。因此在日常生活中，開葡萄酒時不需要猶豫，只要盡情地享受每個品酒時光即可。

義大利之王者
奈比歐露
Nebbiolo

原產自義大利北部的皮埃蒙特省。對日照和土壤相當講究，屬於種植不易的品種。偏好石灰岩土質。葡萄串很大，果實中等大小呈深紫色。經超長熟成後，能成為非常偉大的葡萄酒。

31. Mirafiore Langhe Nebbolo
Fontanafredda
【義大利 皮埃蒙特】

顏色中間偏淡，帶點暗色。將酒杯傾斜時，在中心的地方能看得到字。

香氣量多，有藍莓、李子的甘甜香氣還有辛香味以及丁香等苦甜的香料味。

確實的酸味，量稍多。單寧具有收斂性。**構造稍大**，是能感覺到濃縮感的葡萄酒。〈Monte Bussan〉

30. Barolo
Ceretto
【義大利 皮埃蒙特】

色調相當淡的石榴色。將酒杯傾斜時，在中心的地方能清楚地看得到字。

香氣量多，有鳶尾花、李乾、無花果乾、丁香和肉豆蔻的氣味。晃酒後，也能聞得到**檀香木、牛肉乾、摩卡和可可**的香氣。

單寧量相當多，結構大，是屬於典型巴魯洛風味的葡萄酒。〈FWINES〉

32. "Vigneto Valeirano" Barbaresco
La Spinetta
【義大利 皮埃蒙特】

紅酒當中，屬於色調中間稍微偏淡。

香氣量多，有糖漬藍莓、甘甜的香氣、草本和香料的氣味。晃酒後，鳶尾花、甘草、玫瑰的氣味會更強。

能感覺到鐵味。紮實的單寧量很多，具**有讓口腔相當緊繃的收斂性**。是個有濃縮感的偉大葡萄酒。〈Monte Bussan〉

可愛的感覺
嘉美
Gamay

勃根地原產，是黑皮諾的變種。和薄酒萊區的花崗岩土壤非常契合，氣候寒冷的羅亞爾河谷地的花崗岩土壤也十分適合栽種。收穫量多，果實較大為其主要特徵。

34. Georges Duboeuf Fleurie
【法國 薄酒萊 富勒希區】

色調中間偏濃的亮紅色。

香氣多，有紅色莓果、美國櫻桃、紅色花卉以及牡丹、東北菫菜、鳶尾花等花的**要素相當多的香氣**。晃酒後，會出現甜膩的香氣和蜜一般的感覺。

酸味稍微銳利，量屬中等。該葡萄酒雖然感覺輕盈，但也有著相當直率的濃縮感。〈Suntory Wine International〉

33. Georges Duboeuf Beaujolais
【法國 薄酒萊】

中間偏淡，帶著明亮的紅寶石色。

香氣量多，有紅色莓果、草莓、紅櫻桃和香蕉的氣味，同時也有糖果般的香甜感覺。晃酒後，氣味不會有太大的變化，散發出符合本身結構般的氣息。

新鮮水嫩的前味。屬於果味多、輕巧又迷人的紅酒。餘韻較短。
〈Suntory Wine International〉

35. Georges Duboeuf Moulin-a-Vent
【法國 薄酒萊 風車磨坊區】

色調中間偏濃的亮紅色。和34雖然是相同年分，但是能感覺到熟成。

香氣量多，能聞到美國櫻桃、藍莓、紅色花卉、**野玫瑰**、辛香味、肉桂和**生薑的氣息**。晃酒後，能感覺到複雜度和淡淡的**橡木桶香氣**。

〈Suntory Wine International〉

117

變幻莫測
山吉歐維榭
Sangiovese

在義大利幾乎各地都有栽種，是義大利栽種面積最大的品種。和黑皮諾一樣突然變種的很多，也有許多分株。葉子的顏色是深綠色，果實大小中等，呈現帶紫的黑色。

37. Tavernello Sangiovese di Romagna D.O.C
Caviro【義大利 艾米利亞·羅馬涅】

色調中間偏淡。

香氣量中間偏多，有櫻桃、李子的甘甜氣味。晃酒後，甜香料、丁香和肉豆蔻等氣味會變更強。此外，也有一點咖啡的味道。

稍微圓潤的前味。酸味沉穩，感覺**輕盈**、是喝起來相當舒服的葡萄酒。餘韻中間偏短。〈Suntory Wine International〉

36. Castello Fonterutoli Chianti Classico
Mazzei【義大利 托斯卡納】

色調中間稍濃。

香氣量多，有糖漬櫻桃等甘甜的香味、還有**黑橄欖**、辛香味、丁香等苦甜系的香料味。晃酒後，會出現典型的糖果香氣。莓果、東北菫菜、**黑橄欖**、橡木桶和甜香料等的氣味會直接散發開來。

確實的酸味。構造稍大，是個能感覺到濃縮感的葡萄酒。〈FWINES〉

38. Brunello di Montalcino Castello
Banfi【義大利 托斯卡納】

色調有點淺，帶著熟成感的紅寶石色。

香氣量多，有黑櫻桃、黑醋栗、甘甜香氣、**紅肉**、辛香味、丁香等苦甜系的香料味。晃酒後，丁香、肉豆蔻等甜香料的氣味會更強，同時也更能感覺到熟成後所帶來的豐富氣息。

沉穩的酸味，量適中。**構造大**，是個能感覺到濃縮感的葡萄酒。〈Monte Bussan〉

甘甜的誘惑
格那希、加那恰
Grenache, Garnacha

原產自西班牙的亞拉岡。雖然栽種面積在過去曾經是世界第2名，但目前則有減少的趨勢。屬於偏愛溫暖而乾燥土地的品種，葡萄串大，果實大小約中等，呈現帶紫的黑色。

40. Morlanda Red
Morlanda
【 西班牙 普里奧拉 】

加那恰和佳麗釀各使用一半。色調稍濃。

香氣熟甜，能感覺到李子和藍莓等成熟的黑果實味，此外也有新鮮李子和紫蘇的香氣，感覺複雜。

在口中的構造大。能感覺到完全成熟後的甘甜。鮮味豐富，味道雖濃，但相當順口。餘韻悠長。
〈Suntory Wine International〉

39. Chateauneuf-du-Pape Rouge
Domaine des Sénéchaux
【 法國 隆河區 】

色調中間稍濃，雖然是亮紅色，但也能感覺到一點陰暗。

香氣量多，有水果乾、李乾、無花果乾、苦甜系的香料，以及動物般的氣味。

前味充實。能感覺到果實相當成熟，非常舒服的甜味。酸味柔和，量不多。充足又柔順，感覺相當飽滿的葡萄酒。
〈FWINES〉

41. Tapeña Garnacha
Freixenet
【 西班牙 】

紅酒當中，屬於色調中間稍微偏濃。

香氣量多，有黑櫻桃或李子等甘甜又相當成熟的莓果香氣，也有丁香和胡椒等的香料氣味。

有完全成熟後所帶來的甜膩，給人感覺像是稍微加熱後濃度更高的甘甜。酸味柔和，量中等。有相當的酒體，能感覺到甜味。餘韻的長度約中間。
〈Suntory Wine International〉

西班牙之王者
田帕尼歐
Tempranillo

原生於西班牙的納瓦拉地區。因為在里奧哈規定必須長期熟成，所以會給人色調淡薄的印象，但其實本來是果皮較厚，而顏色深邃的品種。

43. Valdubon Crianza
Bodegas Valdubón
【 西班牙 杜埃羅河岸 】

在紅酒之中，色調偏濃，紫色較少。

展現出因熟成後所散發出的華麗感。有點甘甜的感覺。香氣量多，有黑櫻桃、藍莓，以及加熱後所散發出的味道。此外，也有草本、萊姆葡萄和鉛筆芯般的氣味。

有複雜度和柔和感的前味。前半段柔軟，中間以後則能感覺到力量。

〈Suntory Wine International〉

42. Viejo Crianza
Bodegas Solar Viejo
【 西班牙 里奧哈 】

在紅酒之中，色調屬於中間。將酒杯傾斜時，在中心的地方能清楚地看得到字。

香氣則能清楚地感覺到草莓、覆盆子等紅色果實，以及來自美國橡木的甘甜橡木味。此外，也有出現像是東北菫菜、藍莓等紫色的氣息。

單寧量不多。能讓人感覺到果味相當豐富、味道甘甜，適合稍微冰過再飲用。

〈Suntory Wine International〉

44. Solar Viejo Reserva
Bodegas Solar Viejo
【 西班牙 里奧哈 】

顏色比42要再稍微深一些，有著深沉和陰暗的色調，同時也帶著橙色。

香氣有一點藍莓、香料、內襯皮革、義大利香醋等相當複雜又豐富的味道。另外，也有來自美國橡木所散發出的香草和焦糖氣味。

前味滑順，是屬於甘甜又柔和的葡萄酒。〈Suntory Wine International〉

漆黑的魅力
馬爾貝克
Malbec

過去在波爾多也曾大規模地種植此一品種，在卡奧爾又被稱為「黑葡萄酒」，現在則在阿根廷大獲成功。果實的色素相當豐富，同時也具有長期熟成的潛力。

46. Catena Malbec
Catena
【阿根廷 門多薩】

色調相當濃，帶著陰暗的紅色。將酒杯傾斜時，在中心的地方看不到字。

香氣量多，有黑櫻桃、黑醋栗、黑胡椒和丁香等香料味。晃酒後，能清楚地感覺到焦味，同時也散發出像是鉛筆芯般的氣味。

有著果實濃縮後所產生的力道和甜味。是屬於構造大而富濃縮感的葡萄酒。
〈FWINES〉

45. Mathieu Cosse Solis
Domaine Cosse-Maisonneuve
【法國 卡奧爾】

色調相當濃的深紅色。將酒杯傾斜時，在中心的地方看不到字。

倒酒後，香氣量相當多，能聞到辛香料、苦甜系的香料、藍莓、東北菫菜、鳶尾花、紫蘇、以及將莓果放進鍋裡加熱的感覺，和紅肉的氣味。

濃厚細緻，是果味相當充實的葡萄酒。構造大小適中。〈飯田〉

47. Caro Aruma Malbec
Bodegas Caro
【阿根廷 門多薩】

色調稍濃，稍微暗的紅色。將酒杯傾斜時，在中心的地方好像看得到字。

香氣量多，有糖漬藍莓、甘甜的香氣、植物和辛香料的氣味。晃酒後，則會出現相當溫柔、氣氛佳的夜晚氛圍和紫蘇的氣味。

給人柔順又溫和的印象。餘韻也較悠長。〈Suntory Wine International〉

美國的壯漢
金芬黛、普里米蒂沃
Zinfandel, Primitivo

在美國種植的相當多，原生於克羅埃西亞，和義大利的普里米蒂沃是屬於同一個品種。喜歡溫暖的氣候，以及排水佳的土地，是屬於生長期相當長的品種。

49. Feudo Monaci Primitivo Salento Rosso

Castello Monaci【義大利 普利亞】

色調中間偏濃。

香氣量約中間偏多，有水果乾氣息和香料的氣味。晃酒後，甜味和香料的香氣會更強，此外也聞得到無花果乾、萊姆葡萄、肉桂、**薑黃**、甘草、丁香和巧克力的香氣。

前味濃密，有著相當濃厚的甜味。酸味柔和，量較少。〈Monte Bussan〉

48. Zinfandel Dry Creek Valley Francis Ford Coppola Director's Cut

【美國 加利福尼亞】

色調稍濃，帶著陰暗的深紅色。將酒杯傾斜時，在中心的地方好像看得到字。

能聞到濃厚的香氣，以及糖漬深色莓果、丁香和肉桂的味道。晃酒後，香料的氣味更強，同時也能感覺到彼岸花的香氣。充實的前味，能感覺到相當多的甜味。單寧量稍微多一點。
〈WineInStyle〉

50. Bonterra Zinfandel

Bonterra
【美國 加利福尼亞】

色調中間偏濃，比**48**還要**明亮**。

香氣量多，甘甜的香氣，有著稍微加熱後所產生的甜香。

有相當多甜味。酸味柔和，量較少。因果味非常充實，所以單寧雖多卻不會有太過的感覺，是味道相當豐富的葡萄酒。後味則有一點像是吃黑巧克力時的味道。
〈FWINES, Suntory Wine International〉

智利之星

卡門內
Carmenere

原產在波爾多，在根瘤蚜這種害蟲入侵之前，是波爾多種植最多的品種。現在則是智利種植最成功的品種。

52. Santa Carolina Carmenere
Santa Carolina
【智利】

色調微濃，深紅色。將酒杯傾斜時，在中心的地方看不太到字。

香氣量多，有黑櫻桃、黑醋栗、甘甜的香氣、**萊姆葡萄般的甜膩**，以及將莓果放進鍋裡**稍微加熱後的甜香**。同時也聞得到一點辛香味。

能感到甜味和圓潤的酸味。是個有濃縮感，且口感相當豐富的葡萄酒。
〈Suntory Wine International〉

51. Viña Maipo Carmenere
Viña Maipo
【智利】

色調中間稍微偏濃。將酒杯傾斜時，在中心的地方看得到字。

香氣量多，有紅色莓果、紅醋栗、紅櫻桃的香氣，也有一點加熱過後的氣息。晃酒後，會聞到丁香和肉豆蔻等甜辣系的香料味，也會出現植物的綠色氣息。

是酸味確實，果味豐富的葡萄酒。
〈Suntory Wine International〉

53. Los Vascos Carmenere Grande Reserve
Los Vascos【智利】

色調微濃，深紅色。

香氣量多，有藍莓、黑櫻桃和香甜的氣味。晃酒後，藍莓的濃縮香氣會更顯現出來。另外，也聞得到苦甜的香料和來自尤加利的薄荷氣息。

強壯、柔和，稍帶點圓潤的前味。柔順的酸味，量多。構造大，能感覺得到濃縮度。〈FWINES〉

日本土生土長的
貝利A
Muscat Bailey A

1927年，由號稱「日本的釀酒葡萄之父」的川上善兵衛，將Bailey和Muscat Hanbom交配成功所誕生的品種，相當適合日本多雨多濕的氣候。

55. Japan Premium
鹽尻 貝利A
Suntory 鹽尻酒廠【日本 長野】

色調比中間再稍微偏濃，帶著明亮的紅寶石色。

香氣量多，能聞到紅色莓果、美國櫻桃的香氣，有相當充實的果香。

稍微柔和的酸味。能感覺到果實濃縮後的甜味，同時也有柔和但質與量都相當確實的酸味。單寧量不會太多。感覺輕盈而果味充實，是均衡感相當好的葡萄酒。
〈Suntory Wine International〉

54. 貝利A 2010
岩之原葡萄園
【日本 新潟】

在紅酒之中，顏色比中間還要稍濃，帶點陰暗的紅寶石色。

香氣量中等，有紅色莓果、草莓和菖蒲的香氣。晃酒後，甘甜的香氣以及紅色新鮮果實的氣味更強。

口感輕盈，感覺清新的前味。涼爽的酸味，單寧量沒那麼多。新鮮水嫩的果味相當充實，是和輕盈感搭配得相當好的葡萄酒。〈岩之原葡萄園〉

56. Japan Premium 貝利A
Suntory登美之丘酒廠
【日本 山梨、長野】

色調淺，感覺明亮的紅寶石色。

香氣量多，能聞到紅色莓果、草莓、紅櫻桃以及棉花糖般的甘甜。晃酒後，也會出現像是羊齒草等植物般的氣息。

新鮮水嫩的前味。單寧量少。是輕巧又迷人的葡萄酒。
〈Suntory Wine International〉

釀造出強而有力的葡萄酒

艾格尼克
Aglianico

在義大利南部栽種相當多。喜好火山質的土壤，顏色非常深，近似於黑色。香氣量（volume）足，單寧豐富，是屬於能釀造出強而有力的葡萄酒品種。

57. Taurasi
Feudi di San Gregorio
【義大利 坎帕尼亞】

色調稍濃。表面稍有厚度。
香氣量多，有莫利洛黑櫻桃（morello cherry，酸櫻桃）或李子等深色水果的氣味。晃酒後，會出現糖漬櫻桃、辛香料、甘草、丁香以及火山土壤特有的灰類礦物味。
前味強而有力，單寧量很多。構造相當大，是代表南義大利的名釀。
〈Monte Bussan〉

獨特的辛香感

佳利濃
Carignan

原生於西班牙亞拉岡，別名加利涅納。法國的隆格多克‧魯西雍（La-nguedocRoussillon）有很多的栽種。多產，但若限制產量，就能釀出酸味、單寧和顏色都豐富的葡萄酒。

58. Santa Carolina Specialties Carignan
Santa Carolina【智利】

在紅酒之中，是色調偏濃的深紅色，多紫色。
有來自尤加利的薄荷味，新鮮草本、黑櫻桃、黑醋栗、酸漿果、稍微加熱以及香料的氣味。晃酒後，逐漸會出現東北菫菜或鳶尾花等藍色或紫色系花卉的感覺。
感覺濃密的前味。收斂性非常高的單寧。有著堅硬的構造，味道濃厚。
〈Suntory Wine International〉

在北義大利一直備受喜愛

巴貝拉
Barbera

從義大利北部的皮埃蒙特甚至到美國，都可以看得到其蹤跡。酸味豐富而單寧柔順，和同一地區也有廣泛種植的多切托是完全相反的品種。

59. "Papagena Pamina" Barbera d'Alba Superiore
Fontanafredda〔義大利 皮埃蒙特〕

色調中間偏淡的亮紅色。

有點水果乾、李子等深色水果相當成熟後所散發出的香氣。晃酒後，會有東北菫菜、鳶尾花、黑橄欖、橡木桶和丁香的香氣。

酸味感覺有點刺激，量多。充足果味以及銳利酸味，和多切托（60）相比，則能明顯地感覺出巴貝拉那美麗的酸味。〈Monte Bussan〉

可以和巴貝拉對照看看

多切托
Dolcetto

主要是種植在北義大利的品種。果味豐富而酸味內斂為其特徵。和同樣是在北義大利栽種的巴貝拉對照看看，就能更清楚地知道它的特色。

60. LaLepre Dolcetto Diano d'Alba
Fontanafredda〔義大利 皮埃蒙特〕

色調稍濃，相當暗的深紅色。將酒杯傾斜時，在中心的地方難以看得到字。

有黑醋栗、藍莓、丁香等香氣。

柔和的酸味，量偏多。和以前稍黏、酸度低的多切托的味道有點不同。有濃厚的果味。最後則有搗碎黑醋栗般的後味出現。〈Monte Bussan〉

南非的交配品種
皮諾塔吉
Pinotage

是在南非由黑皮諾與仙梭交配所誕生出的獨自品種。擁有特殊又充滿個性的香氣，能釀造出味道非常有魅力的葡萄酒。

61. Cathedral Cellar Pinotage
KWV
【南非】

色調稍淡，帶著明亮的深紅色。

香氣量多，有紅莓、美國櫻桃、和辛香料的氣味等。晃酒後，會突然散發出更多香氣、有黑莓、丁香等苦甜系的香料、生肉等氣味，**皮諾塔吉那特殊的土味則相當少**。

能感覺到柔和的、滑順的酸味。是有著果味柔軟又充實，味道濃郁的葡萄酒。
〈國分〉

在義大利中部種植相當多
藍布斯寇
Lambrusco

在艾米利亞‧羅馬涅附近的義大利中部，用來製造微氣泡紅酒〔藍布斯寇〕而種植相當多的品種。有60種以上的分株，很多會釀造成感覺輕盈、喝起來順口的葡萄酒。

62. Tavernello Lambrusco
Emilia Rosso
Caviro【義大利 艾米利亞‧羅馬涅】

色調稍淡，有著明亮的紅寶石色。

香氣量較少，能聞到紅莓、草莓、野草莓還有甜甜的香氣。晃酒後，會出現甘甜的香氣和枸杞子的味道。

輕盈、新鮮又水嫩的前味。殘糖帶來的甜味也很明顯。單寧量並不多。相當新鮮、順口。
〈Suntory Wine International〉

白酒的帝王
夏多內
Chardonnay

夏多內是最容易釀成葡萄酒的品種之一。性喜較冷的石灰質土壤，在世界各個地方都有種植，栽種本身並不困難。葡萄串呈圓筒形，果實較小。果皮的顏色會帶點琥珀色般的黃色。

■ **主要產地**
法國勃根地
香檳區
美國
澳洲
義大利
南非 等

■ **葡萄酒的特色**
雖然原本的個性不明顯是其主要特色，但經過橡木桶熟成或是攪桶後，反而可以釀造出多種個性的葡萄酒。此外，由於該品種和橡木桶相當契合，因此很多的生產者會用橡木桶來熟成。

63. Bourgogne Chardonnay La Vignee
Bouchard Père & Fils
【法國 勃根地】

　色調稍濃，以淺黃色為主體，並帶點綠色。香氣量中等或偏少，有蜜蘋果、白色花卉的香氣。晃酒後，甘甜的香氣會擴散開來。
　爽快、稍微圓潤的前味。柔和的酸味，量也非常確實。味道的濃厚適中，是葡萄成熟後的美味和酸度配合得相當好的葡萄酒。
〈FWINES, Suntory Wine International〉

64. Pouilly-Fuisse Cuvee Ampelopsys
Domaine Saumaize Michelin
【法國 勃根地 普依富賽】

　在白酒之中，顏色算有點深，以黃色為主體，並帶點金黃色調。
　香氣量豐富，有蜜蘋果、忍冬、金合歡、蜂蜜的氣味。晃酒後，會有凌霄、大朵白色花卉、烤麵包的香氣。
　剛開始能感覺到甜味，但並非是殘糖，而是熟透後所帶來的甘甜。酒體豐滿、酸味銳利、是有複雜度並帶著豐富礦物味的葡萄酒。〈FWINES〉

65. Karia Chardonnay
Stag's Leap Wine Cellars
【美國 加利福尼亞 納帕谷】

和夏布利（67）相比，色調稍淡，綠色較多。是相當容易會被誤認為像以前那樣橡木桶所帶來的顏色就是加州夏多內原本的顏色的典型。

香氣量多，有香草、奶油的氣味，屬於複雜而甘甜的香氣。

葡萄熟透後的濃郁和酸度非常協調。是個有複雜度和餘韻悠長的葡萄酒。

〈FWINES〉

67. William Fevre Chablis
William Fevre
【法國 勃根地 夏布利】

色調稍淡，以黃色為主體，綠色也較多。香氣量量較少，有檸檬或萊姆等讓人感覺涼爽的柑橘系香氣，和青蘋果的味道。晃酒後，氣味沒那麼擴散，同時會感覺到像是夏布利那樣的石灰質所帶來的礦物氣味。

酒體小，有銳利的酸味，感覺相當優雅。同時也能確實地感覺到礦物味。

〈FWINES, Suntory Wine International〉

66. Suntory Japan Premium
高山村 夏多內
Suntory 鹽尻酒廠【日本 長野】

色調中庸以黃色為主體，帶點綠色。

香氣量較少，有熟蘋果、白色花卉和香草的氣味。晃酒後，香氣會擴散，有法國橡木桶和法國白吐司的味道。

爽快的前味。酸味沉穩，感覺相當有活力。雖然酒體中等，但能感覺到緊繃的力量。是葡萄本身的濃縮感和橡木桶所帶來的風味非常協調的葡萄酒。

〈Suntory Wine International〉

68. Meursault Genevrieres
Domaine Bouchard Père & Fils
【法國 勃根地 伯恩丘】

色調稍濃以黃色為主體，帶點綠色。

香氣量量豐富且複雜。有蜜蘋果和金合歡的氣味。

柔順而優雅的酸味，量相當多。構造大、複雜，有著相當充足的鮮味。和優雅的酸味搭配得相當好，餘韻伴著清楚的礦物味不斷地延伸。〈FWINES〉

69. Catena Chardonnay
Catena
【阿根廷 門多薩】

在白酒之中，顏色中間偏深，以黃色為主體，並帶點金黃色調。

香氣量中等。有烤杏仁、香草、蜜蘋果和橡膠般的氣味。

酒體豐滿。配合圓潤、飽滿但程度偏低的酸味，形成相當豐富的感覺。
〈FWINES〉

70. Blanc de Blancs
Henriot
【法國 香檳區】

雖然不是靜態酒，但如果要提到夏多內，則絕對不能忘記這款來自香檳區的 Blanc de Blancs。

能感覺到檸檬或萊姆般清涼的柑橘系香氣，以及青蘋果般的清爽。隨著時間的經過，會出現烤麵包和石灰礦物的氣味，還有蜜糖香味。

有著銳利的酸味，是感覺相當優雅的葡萄酒。〈FWINES〉

在家存放時，記得放在溫度變化少的地方
◆

如果想要在家裡儲存葡萄酒，怎樣的地方最合適呢？

葡萄酒最大的敵人是溫度的變化。如果沒有酒櫃，那麼可以找找看溫度影響較少的地方。

挑選地方的重點有：

①遠離生活場所而振動少的地方

②陽光照不到的地方

③溫度變化少的地方

④有適當的濕氣

如果是獨棟住宅，可以放在地板下或是倉庫裡。也可以放在向北房間裡的收納空間或是衣櫃裡（用棉被包住更好）、或是陽光照不到的地方也不錯。另外，將冰箱蔬菜室的溫度稍微調高，也可以當作酒櫃來儲放。

黃金的光輝

白蘇維翁
Sauvignon Blanc

雖然是從寒冷到溫暖的廣大地區都有在種植的品種，但是比較喜歡石灰質的土壤。葉子較小，單葉5裂，葉緣鋸齒的部分稍深，有著明亮的綠色。葡萄串呈現倒圓錐形，顆粒小，完全成熟之後會變成金黃色。

■**主要產地**
法國波爾多
羅亞爾河谷地
紐西蘭
智利
澳洲
美國 等

■**葡萄酒的特色**
香氣中含有甲氧基嗪這樣的物質，散發出如黑醋栗新芽般的綠色氣息。這種香氣和其他要素重疊之後，會出現柑橘系或是草本植物的氣味。

71. Sancerre Blanc
Domaine du Nozay
【法國 羅亞爾河 松塞爾】

在白酒之中，顏色稍淡，綠色微多，清澄而有光芒。有一點點氣泡。

香氣量較少，散發出讓人感覺清爽的柑橘系和青蘋果的香氣。晃酒後，會變成甘甜的味道，蘋果味也會變成紅蘋果的感覺。

新鮮的前味。爽快而清涼的酸味，量偏多。給人石灰礦物般的印象。
〈FWINES〉

72. Château Carbonnieux
Château Carbonnieux
【法國 波爾多 貝薩克‧雷奧良】

在白酒之中，顏色算相當深，稍微帶點金色，然後也有一點點的綠色。

香氣量多，甜甜的感覺，有香草和辛香味。晃酒後，會瞬間散發出橡木桶味，也能感覺到烤杏仁和洋梨的香氣。

圓潤又飽滿的前味。感覺柔和的酸味，量偏少。喝進去之後，口中會出現烤麵包的味道。〈FWINES〉

131

73. Japan Premium
安曇野 白蘇維翁
Suntory 鹽尻酒廠【日本 長野】

在白酒之中，顏色算滿淡的，黃色相當少，有帶一點綠色。

香氣量相當多，柑橘系的香氣較多。綠色的氣息較少，讓人覺得爽快。同時也聞得到一點青蘋果的香味。

新鮮、輕盈的前味。銳利、口味不甜，屬於有點緊繃感的高雅葡萄酒。
〈Suntory Wine International〉

75. Fume Blanc Sonoma County
Chateau St. Jean
【美國 加利福尼亞】

在白酒之中，顏色中間偏濃，以黃色為主體，稍微帶點綠色。

香氣量中等，能感覺到芒果成熟後的甘甜。晃酒後，甘甜的香氣會變強，同時能感覺到一點梨子和柑橘系的溫檸果氣味。可以發現到Fume Blanc並沒有像以前那樣有焦味的氣息。〈FWINES〉

74. Sauvignon Blanc
Dog Point Vineyard
【紐西蘭 馬爾堡】

倒完酒後，香氣量相當多。有柑橘系和**黑醋栗新芽**等綠色的氣息。是白蘇維翁那綠色香氣相當明顯的典型，同時也散發出爽快感和相當成熟的氣息。

銳利的酸味，量多。礦物味較少，後味能感覺到微苦。〈Jeroboam〉

76. Los Vascos
Sauvignon Blanc
Los Vascos【智利】

在白酒之中，顏色雖然比較淡，但是比73要再深一點，綠色較多。

香氣量相當多，**黑醋栗新芽**等綠色印象比較強。同時也能聞到柑橘系的香氣。

銳利又舒服的酸味。酸量相當多，能感覺到緊繃的酸味。後味則微苦。
〈Suntory Wine International〉

北方的高貴品種
雷斯林
Riesling

在白酒用的品種當中，屬於能釀造出頂級葡萄酒的品種之一。喜歡黏板岩土壤和冰冷的氣候，不過在溫暖的地方也能生長。葉子大小中等，單葉3裂或5裂，葉緣鋸齒的部分顏色稍淺，形狀近似圓形，顏色呈現深綠色。葡萄顆粒小，有著明亮的綠色或金黃色。

■主要產地
德國
法國 阿爾薩斯
澳洲 等

■葡萄酒的特色
該品種的獨特氣味，有一種來自植物性揮發精油成分的汽油味和白桃或黃桃的香氣。許多釀造廠會讓它殘留氣體以保持年輕的感覺。這次試飲的6款都看得到氣泡。

77. Riesling Trocken
Robert Weil
【德國 萊茵高】

在白酒之中，顏色中間偏淡，以黃色為主體，綠色較少。清澈、發出光芒般的清澄度。能看得到相當的氣泡量。

香氣量中等，能聞得到蜜蘋果和白桃等香氣。雖然口味是屬於Trocken（不甜），但是能感覺到些許的殘糖。酸味銳利，量相當多。屬於口感堅硬而感覺嚴峻的葡萄酒。餘韻帶有礦物味，美妙而悠長。〈FWINES〉

78. Riesling Cuvée Théo
Domaine Weinbach
【法國 阿爾薩斯】

色調稍濃，表面較厚。

倒完酒後，香氣量相當多，有白桃和一點汽油味。晃酒後，會慢慢地增加豐滿感和複雜度。味道也會從白桃轉向黃桃。

圓潤的前味，在一開始能感覺到些微的甜味。酸味柔和但量很多。是構造相當大的葡萄酒。〈FWINES〉

79. Riesling Wagram
Fritsch
【澳洲】

在白酒之中，顏色中間偏濃。黃色為主體，稍微帶點綠色。

倒完酒後，香氣量相當多，有汽油、清涼的柑橘系、忍冬的氣味。晃酒後，有甘甜的感覺、蜜糖以及金合歡的香氣會增加。

能感到銳利的酸味，量相當多。是有著堅硬礦物感的葡萄酒。〈飯田〉

81. BIN 51 Eden Valley Riesling
Penfolds【澳洲】

在白酒之中，顏色中間偏濃。

香氣量相當多，有新鮮的汽油味、烤麵包和辛香味，特別是白胡椒的香氣。晃酒後，也會有糖漬洋梨、蜜糖和忍冬等的香氣。

構造大，是相當具有結構的葡萄酒。有著雷斯林特有的堅硬礦物味。後味能感覺到礦物的苦味。〈FWINES〉

80. Berncasteler Doctor Riesling Kabinett
Dr.Thanisch【德國 摩澤爾】

香氣量稍多，白桃的氣味很強。也有玫瑰或百合，以及萬壽菊等黃花的香氣。晃酒後，會有汽油的味道隱現。

剛開始能確實地感覺到甜味，尖銳的酸和「酸與甜味」搭配得非常好，可說是雷斯林所具備的典型構造。〈FWINES〉

82. Cold Creek Riesling
Chateau Ste. Michelle
【美國 華盛頓】

香氣量不多，有白桃、黃蘋果和滿天星的香氣。晃酒後，甘甜的香氣會稍微變強，也會出現焦糖蘋果塔（Tarte Tatin）般的味道。過一段時間之後，則會聞到一點汽油味。

感覺得到殘糖。酸味有尖銳的感覺，量也相當多。滿滿的酸味和甜味互相配合，是均衡度很好的葡萄酒。〈FWINES〉

香氣豐富的品種
帶有「辛香」的意思

格烏茲塔明那
Gewürztraminer

性喜較寒冷的氣候和黏土質的土壤。葉子是深綠色，葡萄的顆粒較小，完全成熟之後，果皮會從粉紅色變成淡紫色。因此，也會有藍色花卉的感覺。經常被做成貴腐酒。

■主要產地
法國 阿爾薩斯
義大利北部
美國
澳洲 等

■葡萄酒的特色
格烏茲（Gewürz）有辛香的意思。豐富又有個性的香氣正如其名，有白色百合、白玫瑰、白胡椒、荔枝的味道，同時也能感覺到麝香葡萄的香氣。

83. Gewurztraminer Cuvée Théo
Domaine Weinbach
【法國 阿爾薩斯】

在白酒之中，顏色中間偏濃，帶點金黃色調。表面相當厚。

香氣量多，有蜂蜜的甜味、華麗感和辛香味。晃酒後，會出荔枝的香氣。此外，還有白玫瑰、蜂蜜、茉莉花、檀香木和白胡椒的氣味。

圓滑、飽滿的前味。柔和的酸味，量則約中等到偏少。〈FWINES〉

84. "Sanct Valentin Alto" Adige Gewurztraminer
St. Michael-Eppan【義大利 特倫蒂諾·上阿迪傑】

色調相當深，表面有點厚度。

倒完酒後，香氣量相當多。一開始就會出現荔枝的香氣。此外，還能感覺到白色花卉、橘子花、華麗和辛香味。

圓滑、飽滿的前味。雖然口味不甜，但是最初能感覺到甜味。柔和的酸味，量少。餘韻能感覺到一點微苦。
〈Monte Bussan〉

135

85. Catena Alamos Torrontes
Catena
【阿根廷】

　色調稍濃，雖然以黃色為主，但是綠色的感覺也不少。

　倒完酒後，香氣量相當多，給人白玫瑰、甘甜的印象。晃酒後，會出蜂蜜、華麗感以及蘋果加熱後的氣味，同時也會有**辛香味**和荔枝般的氣息。

　柔順的酸味，量偏少。是味道豐富，強而有力的葡萄酒。〈FWINES〉

86. Tribu Torrontés
Trivento
【阿根廷 門多薩】

　在白酒之中顏色中間偏淡，綠色有點多。

　香氣量多，有黃色桃子和荔枝般的氣息。晃酒後，蜜的香氣會變多，也會出現彷彿茉莉花的香味。

　前味同時存在著輕盈和力量。是圓潤和輕快兼具，味道相當豐富的葡萄酒。
〈Suntory Wine International〉

發出金色光芒的阿根廷之星
特濃情
Torrontes

　和馬爾貝克並駕齊驅的阿根廷代表品種，能釀造出阿根廷的名酒。葉子和葡萄串都很大，葡萄的果粒呈現著黃中帶綠的顏色，成熟之後則會發出金色光芒。

■主要產地
阿根廷

■葡萄酒的特色
還是葡萄時的香氣就非常強烈，即使變成葡萄酒後，香氣也還是一樣豐富。有白色百合、白玫瑰、蜂蜜、荔枝、蘋果、茉莉花和黃桃以及麝香葡萄的香氣。

香氣豐富的品種
經常也拿來食用的品種

麝香葡萄
Muscat

由於是相當古老的品種，因此無法確定原產地。名字據說是來自來麝香（musk）一詞。主要是黃綠或金黃色的葡萄，但是也有許多是屬於黑葡萄的品種。葡萄串和果實有各種大小。

■**主要產地**
義大利
法國南部
西班牙
希臘為主的世界各地

■**葡萄酒的特色**
香氣量較多。葡萄本身的特殊香氣即使是做成葡萄酒也能感覺得到，因此非常容易辨認。此外，也有黃花、黃桃和白色花卉的香氣。色調有大量的亮綠色氣息。

87. Muscat Reserve
F.E. Trimbach
【法國 阿爾薩斯】

色調相當淡，綠色稍微多一點。
香氣量較多，給人甘甜印象、黃色花卉、糖漬黃桃和荔枝的氣息。晃酒後，荔枝的味道會更強。
相當圓潤和充實的前味。酸味尖銳，量也相當多。雖然能感覺到果實所帶來的甘甜，但是和優雅的酸味調和後，變成口感不甜的葡萄酒。〈Nippon Liquor〉

88. Ceretto Moscato d'Asti
Ceretto
【義大利 皮埃蒙特】

色調稍濃，雖然以黃色為主，但是綠色稍微有點多。能直接地感覺到麝香葡萄的強烈香氣。過一段時間之後，能感覺到甜味，會出現華麗感、白色花卉和糖漬梨子的香氣。
能感覺到相當甜的味道，飽滿又充實的甜味。後味會出現像是咬到麝香葡萄果皮時所出現的微澀味。
〈FWINES, Suntory Wine International〉

香氣豐富的品種

喜歡曬太陽的

維歐涅
Viognier

據說原生於法國的隆河地區，能在隆河釀造出知名白酒。在美國和澳洲的生產量也一直在增加當中。收種量少，如果沒有完美的日照則無法完全成熟，屬於栽培困難的品種。

■主要產地

法國 隆河地區
美國
澳洲 等

■葡萄酒的特色

香氣豐富，有茉莉、白色花卉、蜜糖或是白色香料的氣息，能釀造出味道豐富、餘韻悠長的葡萄酒。感覺酸味不多。因為是在溫暖的地方所栽種，所以也能釀造出黏性強的葡萄酒。

89. Condrieu
E.Guigal
【法國 隆河區】

色調稍濃，呈現黃色和帶點綠色。

香氣量多，有糖漬洋梨、椴櫚或黃桃等黃色果實的氣味。晃酒後，香氣會變強，相當華麗、有煙燻的味道、熟透般的氣息、蜜的感覺、熱帶水果和白色香料的香氣。

有力量的前味。酸味量稍低。是有充足的飽滿感和味道相當豐富的葡萄酒。
〈LUC Corporation〉

90. Bonterra Viognier
Bonterra
【美國 加利福尼亞】

色調稍濃，以黃色為主體，並帶點金黃色調。

香氣量稍多，有白色花卉、白桃、椴櫚和茴香的氣味。晃酒後，散發出適中的香氣，感覺相當豐滿。

柔和、圓潤、黏稠的前味。一開始就有相當多的甜味。柔和的酸味，量少。後味感覺相當苦。
〈FWINES, Suntory Wine International〉

香氣量中庸的品種
散發出溫暖氣息

灰皮諾
Pinot Gris, Pinot Grigio

葉子是深綠色,葡萄串小而長,葡萄粒成熟之後,果皮會從粉紅色變成淡紫色的灰色系品種。

■主要產地
義大利
法國 阿爾薩斯地區
羅馬尼亞
匈牙利

■葡萄酒的特色
有黃色水果、杏果、黃桃、白色或黃色花卉、蜂蜜的香氣。味道豐富以及感覺柔和的類型雖多,但也有的葡萄酒能感覺到新摘以及爽快柑橘系的新鮮氣息。

91. Sanct Valentin Alto Adige Pinot Grigio
St. Michael-Eppan【義大利 特倫蒂諾·上阿迪傑】

色調相當濃,以黃色為主體帶點綠色。
有黃蘋果和白色花卉的香氣。晃酒後,能感覺到蘋果稍微加熱的甜味,像是焦糖蘋果塔的氣味。此外,也能感覺到類似來自法國白吐司那樣的酵母氣味。
入口後,剛開始會有一點甘甜,像是成熟水果的感覺。有一點酸味。後味不太甜,能感覺到橘子果醬般的微苦。
〈Monte Bussan〉

92. Pinot Gris Reserve Particuliere
Domaine Weinbach【法國 阿爾薩斯】

色調相當濃,像是膚色透紅般的顏色。類似新的1圓硬幣的那種銅色。
香氣量稍多,有金合歡的花蜜、黃桃、鳳梨和溫桲果的香氣。圓潤又充實的前味。一開始有相當的甜味。柔和的酸味,量少。是構造大的葡萄酒。〈FWINES〉

香氣量中庸的品種

黃色的氣息

白詩南
Chenin Blanc

在法國羅亞爾河谷地栽種相當多的品種，在南非和加州的栽培也相當成功。葡萄串大，果梗粗，果皮硬。果實含有很多水份為其主要特色。

94. Vouvray Rich
Marc Bredif
【法國 羅亞爾河 梧弗雷】

色調稍濃以黃色為主體，也帶點綠色。

有蜂蜜、糖漬黃桃、鳳梨的香氣。晃酒後，給人柔和又熟透的感覺，有槭樹、橘子果醬和舒服的香味。此外，也有焦糖蘋果塔般的味道。

相當柔和又飽滿的前味。酸味俐落。因為不只感覺到甜，還有相當優雅的酸味，算是均衡度相當好的葡萄酒。

〈Bristol Japon〉

93. Vouvray
Marc Bredif
【法國 羅亞爾河 梧弗雷】

在白酒之中色調稍濃，同時帶綠色。

香氣有屬於涼爽地區的柑橘系、槭樹、黃蘋果和白色花卉的香氣。晃酒後，也會出現像是芒果那樣的熱帶水果的味道。

雖然也有些許的殘糖，但是受到其酸味相當銳利的影響，因此喝起來不會感覺到甜。但是在入口的瞬間還是可以試著感受糖分所帶來的甜味看看。

〈Bristol Japon〉

95. Chenin Blanc
KWV
【南非】

在白酒之中，色調較淡，以黃色為主體，稍微帶點膚色，同時也有一點綠色。

香氣量多，有槭樹那樣黃色果實的香氣。晃酒後，香氣量增多，能感覺到蜜糖味，有熱帶水果的氣息、白色果肉以及香料的氣味。

相當**舒服又柔和的酸味**。是甜味和酸味均衡，飽滿度也剛剛好的葡萄酒。

〈國分〉

香氣量中庸的品種

豐富、濃郁、貴腐

榭密雍
Sémillon

從寒冷到溫暖，從砂粒交雜的黏土質到石灰質土壤，算是種植較為廣泛的品種。葡萄串和果粒的大小中等，成熟之後，果皮會從金黃色變成粉紅色。

97. Single Vineyard Stevens Hunter Semillon
Tyrrell's Wines〔澳洲〕

在白酒之中，色調中間偏淡。

燒橡膠、樹脂系的氣味很強，也能聞到黃桃或是糖漬蜜桃的香氣，是相當澳洲榭密雍式的香氣。

稍圓潤的前味。**酸味雖然柔和，量卻相當多。**雖然有一點殘糖，但是由於酸度相當高，因此喝起來感覺不甜。〈飯田〉

96. R de Rieussec
Château Rieussec
〔法國 波爾多〕

色調中間偏濃。以黃色為主體，有點金黃色調，同時也帶點綠色。

香氣量稍多，有甘甜的香氣、成熟的柑橘系和橘子花的氣味。晃酒後，甘甜的香氣會散開來，同時也聞得到忍冬和橘子花的香氣。**像以前那樣做成不甜的貴腐酒所帶有的肥皂味則感覺不到。**

開始感覺甜味但非殘糖的味道。是口味不甜重心低的葡萄酒。〈FWINES〉

98. Carmes de Rieussec
Château Rieussec
〔法國 波爾多 蘇玳〕

榭密雍占80%，其餘是白蘇維翁和蜜思卡岱勒。

顏色深，帶著金黃色調。

香氣量稍多，有黃桃等甘甜的香氣和忍冬的味道。晃酒後，甘甜的香氣會散開來。此外，還會有金合歡蜜、橡木桶味、芳香氣息和白胡椒的味道。

前味豐富，酸量適中。〈FWINES〉

香氣量中庸的品種
大西洋岸的清涼品種

阿爾巴利諾
Albariño

從西班牙到葡萄牙都有在種植,特別在下海灣(Rias Baixas)更是知名。葡萄串小,果粒中等,皮厚,不容易腐敗的品種。能夠釀造出香氣豐富的葡萄酒。

99. Vionta Albariño
Bodegas Vionta
【 西班牙 下海灣 】

　色調稍濃,淺黃色中帶點綠色,顏色比一般下海灣產的阿爾巴利諾還要深。
　有著青蘋果或黃蘋果般的香氣。隨著時間和溫度的上升,也會出現蜜糖的氣息。此外,也能聞到像是桃、梨和白色花卉的香氣。
　雖然溫度上升後會覺得比較柔和,但基本上是口感銳利而感覺優雅的葡萄酒。
〈Suntory Wine International〉

 香氣內斂的品種
輕盈爽快

蜜思卡岱
Muscadet

如同別名「勃根地香瓜」(Melon de Bourgogne)般,蜜思卡岱原生於勃根地。屬種植在羅亞爾河谷地的品種,相當耐寒。葉形較圓,葡萄串大小中等。葡萄顆粒小而果皮厚。

100. Muscadet Sèvre et Maine
Cuvée Sélection des Cognettes
Domaine des Cognettes【 法國 羅亞爾河 】

　在白酒之中,雖色調稍微偏淡,但由於本款的釀酒廠希望釀造出能長期熟成的蜜思卡岱,因此顏色會比平常的蜜思卡岱稍微再更深一點。此外,顏色也帶著綠色。
　香氣量不多,有青蘋果、檸檬、萊姆等爽快的柑橘系香氣。晃酒後,會出現來像是來自法國白吐司那樣的酵母氣味。
　味道非常不甜,有著銳利但相當舒服的酸味。餘韻稍短。〈FWINES〉

香氣內斂的品種
豐富的滋味

白皮諾
Pinot Blanc

屬於黑皮諾的變種，在中歐、法國的阿爾薩斯、德國、義大利和東歐等很多地方都有栽種。香氣上則沒有明顯的個性。

101. Pinot Blanc Réserve
Domaine Weinbach
【法國 阿爾薩斯】

在白酒之中，顏色中間偏淡，以黃色為主體，並帶點金黃色調。

香氣量中等，能聞到水果成熟和白桃的氣味。晃酒後，甘甜的香氣會變強，也會出現像是金合歡等蜂蜜般的味道。

柔和、豐富的前味。一開始能感覺到甜味。殘糖稍多、口感柔順、酒體適中，是酸味相當舒服的葡萄酒。〈FWINES〉

香氣內斂的品種
有著森林守護神的名字

希瓦那
Sylvaner

從德國到法國的阿爾薩斯等地方都有種植，其中又特別以德國法蘭肯區的表現最為優秀。適合男性飲用而味道不甜的類型雖然相當有名，但是也有在釀造甜味的類型。

102. Würzburger Abtsleite Silvaner Trocken
Bürgerspital【德國 法蘭肯】

色調相當淡，綠色較多。

香氣量多，有成熟的柑橘系和礦物的氣味。晃酒後，會有糖煮杏果、糖漬金桔和芒果的香味。

雖然口感不甜，但是一開始感覺到一點甜味。非常銳利的酸味，量相當多。後味有來自礦物的苦味，讓整體味道感覺更緊繃。〈FWINES〉

香氣內斂的品種
容易親近，感覺輕鬆的品種
崔比亞諾
Trebbiano

在法國又被稱為白于尼（Ugni Blan）或聖愛美濃（St. Émilion），在法國和義大利都是白葡萄種植面積最大的品種。同時，也是用來製造科涅克白蘭地的主要原料品種。

■主要產地
法國 科涅克地區
雅瑪邑地區
義大利 等

■葡萄酒的特色
輕盈又悠閒的葡萄酒。有柑橘系的香氣，酸味量較少。在義大利各地都種有分株，能釀造出各種不同個性的葡萄酒。此外，在法國也很常被用來做成蒸餾酒。

103. Soma Trebbiano d' Abruzzo
Chiusa Grande【義大利 阿布魯佐】

在白酒之中，顏色中間偏淡。

香氣量中等，有檸檬等爽快的柑橘系香氣。即使晃酒後，也不會感覺太過複雜。

雖然味道不甜，但在一開始還是能感覺到一點甜味。柔和的酸味，量不多。輕盈的口感，是葡萄成熟後的圓潤和柔和搭配得相當好的葡萄酒。〈FWINES〉

104. "Orovite" Molise Trebbiano
Terresacre
【義大利 莫利塞】

在白酒之中色調偏濃，整體由黃色所支配，稍微帶點金黃色調，同時有點綠色。

香氣量中等，有熟透的感覺和柑橘系的香氣。晃酒後，檳榔等香氣會更清楚地出現，然後漸漸也感覺到甜甜的氣味，有糖漬洋梨、蜜糖和忍冬的味道。

雖然味道不甜，但在一開始還是能感覺到一點甜味。柔和的酸味，量比103再少一點。〈Monte Bussan〉

香氣內斂的品種
代表日本的品種

甲州
Kosyu

在日本已經種植1000年左右的歐洲品種。屬於完全成熟之後，果皮會變成粉紅或淡紫色的灰色系，如果使用成熟後的葡萄釀造，有時該顏色也會轉移到葡萄酒身上。

106. Grace Wine 甲州
中央葡萄園 Grace Wine
【日本 山梨】

在白酒之中，色調算淡。和105或107相比，則感覺顏色是明亮的粉紅膚色。

有清爽的柑橘系香氣，散發出清純又內斂的氣息。

新鮮的前味，味道不甜而口感輕盈。沉穩又相當舒服的酸味，量中等。後味能感覺到灰色系特有的苦味。

〈中央葡萄酒 Grace Wine〉

105. Suntory Japan Premium 甲州
登美之丘酒廠【日本 山梨】

色調相當淡，黃色和綠色都少。

香氣量不多，有讓人感覺清爽柑橘系、青蘋果和羊齒草的氣味。即使晃酒後，香氣量也不會有太大的變化。有著像是棉花糖那樣的香氣。

乾爽的前味，酒體輕盈，是口味不甜而爽快的葡萄酒。後味能感覺微苦。

〈Suntory Wine International〉

107. Suntory 登美之丘酒廠
登美之丘 甲州
【日本 山梨】

色調淡，黃色比105深，同時也帶著一點膚色。因為是經過橡木桶熟成，所以也帶著陰暗的色調。

有甘甜的氣息、成熟的紅蘋果、柑橘系和香草的香氣。

能感覺到圓潤的前味，比105更有迫力和力量。甲州特有的暢快感和極晚摘的濃縮感，釀造出均衡感相當好的葡萄酒。

〈Suntory Wine International〉

酸味豐富的

阿利歌特
Aligoté

由黑皮諾變種而來，雖然原產地在勃根地，但東歐的栽種面積比法國本地還要更廣，從國別來看則以摩爾多瓦為第一。香氣和味道並非有著特別明顯的個性，但是能釀造出酸味豐富而感覺輕盈的白酒。

■主要產地
法國 勃根地
羅馬尼亞
摩爾多瓦 等

■葡萄酒的特色
在寒冷的地區會有柑橘系的香氣和果味，舒暢又高雅的酸味非常精彩。在溫暖的地區則有香甜的果味和沉穩的酸味。經橡木桶熟成後，則會出現堅果或奶油的香氣。

108. Bourgogne Aligoté
Labouré-Roi
【法國 勃根地】

在白酒之中，色調偏濃，黃色的感覺多一點，帶著些微的綠色。比 109 還晚 2 年，因為經過熟成，所以**顏色較濃**。

香氣量少。有黃蘋果、洋梨的氣味，也有葡萄柚等的柑橘系的香氣。晃酒後，香氣量會稍微增加，同時也聞得到杏仁和堅果類的氣味。

銳利的酸味，量多。是輕盈、舒服而口味不甜葡萄酒。〈Sapporo Beer〉

109. Bouzeron
Domaine de Villaine
【法國 勃根地】

色調淡，黃色較多而綠色少。

香氣不多，有黃蘋果和柑橘系的氣味。晃酒後，會有些甘甜的香氣、忍冬，慢慢地也會出現蜂蜜的氣味。

雖然是新鮮的前味，但比 108 感覺更圓潤。能感到尖銳的酸味而且量多。輕盈卻感覺相當**充實**，後味有像葡萄柚那樣的苦味。〈FWINES〉

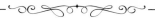

Column 6
發明香檳的
是唐貝里儂嗎？

　　香檳的生產大約已經有350年。氣泡酒的歷史和靜態酒相比，竟然比想像中的還要短，這是由於在當時並沒有能夠密封住氣體的方法，同時也沒有強度足以承受氣體壓力的玻璃瓶。

　　事實上，生產出像現在這樣真正氣泡酒的，其實是英國而不是法國。那時候，英國開始了工業革命，使用煤炭而發明出強度能夠承受氣體壓力的玻璃技術。此外，在英國的愛爾啤酒所使用的瓶塞是軟木塞，因此也具備了能夠徹底密封住氣體的技術。再加上當時正值小冰河時期，由於天氣冷到連河川和運河都會凍結，因此葡萄酒的發酵進行到一半便停止了，這些發酵尚未完成的白酒用橡木桶被運到倫敦，在那裏裝瓶接著密封之後，在瓶內進行第二次發酵，於是變成了會發出氣泡的葡萄酒。發明這個的，其實是在英國經營葡萄酒生意，出生於法國的聖艾沃蒙（Saint-Evremond），在1660年還有他賣氣泡白酒的記錄。

　　後來，連英國王室也都非常喜歡這樣的氣泡酒，接著傳到了法國王室的耳中，然後在他們的要求之下，反而才輸出到法國。於是以此作為契機，在香檳區也開始釀造出現在我們所喝到的真正的香檳。有香檳之父之稱而名聞遐邇的唐貝里儂（Dom Pérignon），這名字出現在歷史上其實是在1668年。不過，當初被吩咐的工作其實是除掉氣泡。雖然之後被要求製造出有氣泡的葡萄酒，不過很遺憾的，似乎並非是香檳的首位發明者。

Column 7
進口商的
葡萄酒採購

　　進口商（進口葡萄酒的公司）經常會從許多供應商、或是希望成為供應商的生產者中收到很多的樣品。在眾多的葡萄酒當中，進口商所要做的第一件事情就是先找出有缺陷的葡萄酒，然後把它們剔除掉。像是覺得在發酵管理上做的不是很好的、生產者所釀造的葡萄酒橡木桶風味過強而果實味較淡的等等，許多的葡萄酒通常會在這個階段就被刷掉。另外，在進口葡萄酒的時候，因主要以生產者為一個配合單位，所以通常會向生產者訂購大部分或是很多產品。不過，從生產者送來的東西當中，有時候會發生紅酒不錯，但白酒好像就不怎麼樣等讓人難以抉擇，有時則會因為紅酒的品質真的很好，所以不得已同時也買了可能會賣不好的白酒。

　　接下來，進口商會做的是請第三者來喝喝看。這是因為在採買的時候，如果純粹只以採購商自己的偏好來做選擇，那麼商品的組成將會有所偏頗。因此，通常會找純粹的葡萄酒初學者、或是邀請女性上班族等，請他們來試飲看看並直接聽聽他們的意見，利用各種方法來蒐集客觀的意見並進行分析，然後才挑選出葡萄酒。

　　進行最後篩選的，則是由採購的負責人所執行，之後便是品質和生產現場的審查。在送樣品的階段，大部分的生產者幾乎都會自己充滿自信。但是在這階段，有的會被檢驗到有使用日本並未許可的食品添加物，甚或有玻璃片混入等情況發生。如果是日本的三得利（SUNTORY）集團，還會用日本國內的實驗室來進行相當嚴格的品質審查。此外，如果決定準備要合作時，還會親自到當地的生產現場進行參觀以確認生產線和環境的狀況。有時也會有生產者無法通過這個階段，而讓一切回歸到原點的情形。

Part 6
品種的原生地圖與釀造方法

讓我們用地圖來看看遍布世界的原生品種。
另外，也來了解看看葡萄酒的釀造方法。

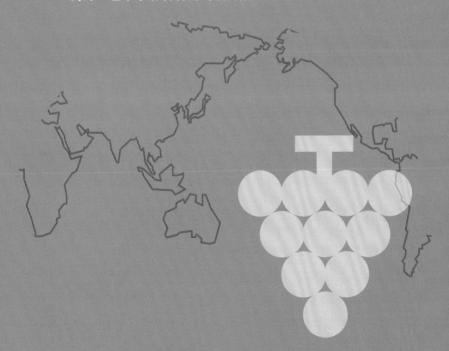

世界的分布

世界的分布

英國

德國

法國   奧地利

西班牙   希臘

義大利

印度

南非

澳洲

從歐洲傳播到
新世界的葡萄酒與葡萄

葡萄酒和葡萄的發祥地眾說紛紜,而我們現在所喝的葡萄酒,其歷史則是從**以希臘為發源地的歐洲而開始傳播的**。隨著羅馬帝國的領土擴張,葡萄酒的釀造跟著傳往法國、德國、西班牙以及歐洲各地,一方面與宗教和王室發生密切的關係,一方面則讓葡萄酒的釀造與文化在各個地方遍地開花。

此後自17世紀開始,從歐洲開始將真正的葡萄酒釀造往新世界傳播。以南非為先驅,接著是澳洲和紐西蘭,然後再傳往至南美大陸如智利還有阿根廷等地。美國雖然是現今葡萄酒的生產與消費大國,但是真正做為商業用途的葡萄

散播越來越廣的葡萄酒釀造與葡萄酒文化。在這裡，我們會從國際品種的傳播一直介紹到各種的本土品種，然後以品種為軸線，來看看世界的葡萄酒產地。

酒生產卻是在禁酒法之後的20世紀才開始，可說是起步的相當晚。

　　葡萄的栽培不論南北緯，**30～50度**的葡萄酒帶（wine belt）被認為是最適合的生長地區，主要的葡萄酒生產國皆屬於這個範圍。不過，伴隨著種植與釀造技術的發達，再加上環境氣候的改變，從前並不生產葡萄酒的國家也紛紛開始釀造起葡萄酒。不論是在**2013年世界侍酒師大賽中出現在試題的印度**，或是可能是受到暖化的影響而開始**生產優質氣泡酒的英國**等，皆屬於今後值得特別注意的產地。

法國

 **許多葡萄酒的發源地
都在法國**

葡萄酒大國的法國，以**波爾多和勃根地**這兩大產區為軸線，在各地都有許多知名的產地。

波爾多在歷史上和英國有著相當深的淵源，主要是靠出口到倫敦而發展起來的城市。另一方面，勃根地則由於像是之前所提到的**羅曼尼‧康帝**（Roman-eé-conti）被當作路易14世的處方藥而廣人所知等，而與法國王室和勃根地公國的關係更加緊密，再加上夏布利地區等地能夠用船沿著塞納河將葡萄酒運送到巴黎等良好的地理條件，因此便以國內市場為中心而發展了起來。

同樣也可以用塞納河將葡萄酒運送到巴黎的香檳區也曾是紅酒的一大生產地，雖然其高級紅酒因為在勃根地的權力鬥爭中敗北而消失，但是卻在「香檳酒（氣泡酒）」這個新領域中重新站了起來。

在法國國內其他還有阿爾薩斯、隆河區、普羅旺斯、隆格多克‧西雍以及羅亞爾河谷地等生產地，**釀造出擁有當地方特色的葡萄酒**而發展了起來。

所有葡萄酒的原生地，都是來自在法國知名產地所栽培的各種葡萄品種。這些葡萄以**該土地為出發點**，用質與量將法國推向世界葡萄酒的寶座，同時也將具有法國特色的葡萄酒釀造一起拓展到全世界。

目前，我們每天所享用的葡萄酒，大多是由栽種在世界各地，我們稱為**國際品種**的品種所釀造出來的。在這當中，有卡本內蘇維翁、黑皮諾、梅洛、希哈、夏多內、雷斯林、白蘇維翁等很多不同的品種。這些在波爾多、勃根地以及香檳區都相當成功的品種，如果說正是因為在這些地方成功，所以才能成為國際的品種一點都不為過。

在這裡，我們將以釀造法國葡萄酒的國際品種為中心，然後也一併介紹其他主要的品種。讓我們配合地圖並掌握南北方的位置，來看看各品種所喜歡的土壤和氣候、原生的產地、如何傳播還有怎樣獲得成功的吧！

生長在法國各地，有著不同個性的各種葡萄酒。

讓我們來看看其品種的原生產地。

香檳區

阿爾薩斯

●巴黎

羅亞爾河

勃根地

黑皮諾

夏多內

薄酒萊—嘉美

波爾多

卡本內蘇維翁

梅洛

白蘇維翁

希哈

隆河區

隆格多克・魯西雍

普羅旺斯

黑葡萄品種的原生地

白葡萄品種的原生地

卡本內蘇維翁×波爾多左岸

🍇 往世界傳播的國際品種代表

卡本內蘇維翁是以波爾多地區左岸為原生地的品種，能夠釀造出結構非常強大、可以長期熟成的葡萄酒。由於不容易生病，再加上有骨架堅實與適合長期熟成等品種特性而逐漸擴散，然後又因為利用這樣的個性而開發出適合的釀造技術，使得波爾多人逐漸擴大了卡本內的市場。卡本內蘇維翁的「蘇維翁」是源自法語的sauvage，意思是繁茂。由於樹種相當強壯，是個到哪裡都能成長茁壯的品種，因此，不論是在義大利或西班牙，甚至是整個新世界的所有國家都可以看得它的分布。

梅鐸
吉隆特河
聖艾斯泰夫
波亞克
聖朱利安
里斯塔克·梅鐸
慕里斯
卡本內蘇維翁
瑪歌
貝薩克·雷奧良
格拉夫
蘇玳

梅洛×波爾多右岸

🍇 柔韌而生生不息的梅洛

梅洛在波爾多左岸常被用來使卡本內蘇維翁的口感更加柔順的輔助品種。但是在右岸的玻美侯（Pomerol）或聖愛美儂（St-Emilion）則以梅洛為主體，釀出像是來自佩楚酒堡（Petrus）等在世界評價極高的葡萄酒。雖然都同樣在波爾多，但左岸屬砂礫土質，而右岸則屬於黏土質，也就是說卡本內喜歡的是砂礫土，而梅洛則是喜歡黏土。梅洛雖然在世界多處也都有釀造，但相對於能強韌生存的卡本內蘇維翁，梅洛給人柔韌而生生不息的感覺。即使是潮濕的日本，在歐系品種的收種量也是以梅洛最多，且比較容易順利種植。

吉隆特河
波爾多布萊伊丘
布爾區
玻美侯
聖愛美儂衛星地區
波爾多法蘭丘
佛朗莎
梅洛
波爾多卡斯提雍丘
聖愛美儂
兩海間

黑皮諾 × 勃根地

 十分挑剔的品種

　　黑皮諾是和卡本內蘇維翁並列的偉大品種。兩者最大的差別是，黑皮諾很容易受病蟲害侵襲，對土壤非常挑剔，相當難以種植，所以不太容易能釀造出好喝的葡萄酒。黑皮諾喜歡的土質是**石灰岩土、含鐵、然後排水良好的地方**。因為勃根地完全符合這樣的標準，所以據說在 4 世紀的時候就已經開始有在種植。能釀造出優雅嬌嫩的葡萄酒的黑皮諾，是**深受世界所憧憬的品種**，在全世界有非常多的生產者都想嘗試釀造看看，但是幾乎沒有任何地方能釀造出與勃根地的水準一樣的黑皮諾，目前並不如其他品種那樣地分布廣泛。

夏多內 × 勃根地

 在全世界各地都很容易生長

　　據說夏多內**原生於勃根地地區的馬貢**（Mâcon）裡的夏多內村，和黑皮諾一樣同屬於勃根地的代表品種。**喜歡石灰岩土質**，雖然對病蟲害的抵抗力較弱，但因為有著在哪都很容易生長的特徵，所以稱得上是位優等生。因此，不只法國，夏多內在世界各地都有在栽種。不過，雖然說都能夠種植，但卻不見得全部都能釀造出好的葡萄酒。如果想要釀造出像勃根地的梅索村或是蒙哈榭那樣的高級葡萄酒，看來還是要有適合的土壤和氣候等各種條件具備才行。

夜丘

黑皮諾

伯恩丘

夏隆內丘

夏多內

馬貢

薄酒萊村莊區

薄酒萊區

黑皮諾・夏多內
法國

卡本內弗朗 × 波爾多／羅亞爾河

🍇 能成為主角，也能成為配角的品種

有著確實的骨架和充滿力量的卡本內弗朗，在波爾多大多會做成少量的**輔助品種**，但在羅亞爾河流域中段的希濃等地區，則是會用百分之百的卡本內弗朗來釀造出纖細而優雅的葡萄酒。雖然是**原生於西班牙**，但是在法國則是以卡本內弗朗為主角來釀造，從這樣的角度來看，**羅亞爾河流域中段也可說是其原生地**吧。從世界的分布來看，雖然產量不多，但是卻在世界各地都有在種植。會這樣，或許也可以理解成**這和在波爾多被用來當作卡本內蘇維翁的輔助品種而種植的目地是一樣的**。

卡本內弗朗的原產地雖然是西班牙，但這裡是以法國為出發點的角度來看，因此標上原生地符號。

希哈 × 隆河區

🍇 擁有兩個故鄉，分布獨特的希哈

希哈是北隆河區的代表品種。原產也是在隆河區，**喜歡比較溫暖的地方**。感覺充滿力量，而**辛香味**則是最大的特徵。此外，也有動物般的個性。希哈在世界的分布之中，當傳播到澳洲的時候，雖然品種相同，但是卻搖身變成感覺完全不同的「希拉茲」，並以南澳洲為中心而落地生根。在法國國內的栽種地主要是散布在南法，並通常會**和格那希一起栽種**。在新世界則由於和當地的土壤契合，因此也在南非和智利等地方定了下來。此外，在美國溫暖的地區也有種植。

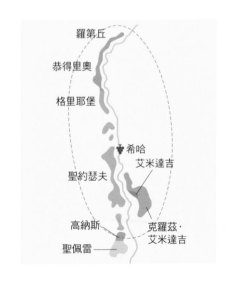

白蘇維翁 × 波爾多／羅亞爾河

 構築出自己獨特的世界,並從歐洲邁向新世界

白蘇維翁原生於波爾多,是**樹種強壯、適應能力高**的品種,目前以**貝薩克‧雷奧良和兩海間**(Entre-deux-Mers)為中心栽種。百分之百純白蘇維翁所釀造的葡萄酒並不多,此外,味道豐富及有著橡木桶風味為其主要特色。不過,位於**羅亞爾河上游的尼韋內中部**(Centre Nivernais)則因為**土地適合**而成為重點地區,用百分之百的白蘇維翁釀造出口感相當輕盈的葡萄酒。白蘇維翁以這兩個產地為出發點,擴散至美國、智利、阿根廷和日本等。在紐西蘭的馬爾堡,白蘇維翁則獨自進化,散發出綠色和明顯的葡萄柚等**華麗香氣**,以此做為特徵建構出不同的新世界。

羅亞爾河

波爾多

貝薩克‧
雷奧良

兩海間

嘉美 × 薄酒萊區

 喜歡花崗岩土壤且多產的品種

嘉美是以其新酒而遠近馳名的薄酒萊區的代表品種。薄酒萊區位在勃根地的南方,而嘉美據說是來自比薄酒萊區再更北邊的伯恩丘(→p.155)的**嘉美村所原產**。嘉美屬於多產的品種,果實比黑皮諾大,顏色較淡,所釀造出的葡萄酒果味豐富,**新鮮活潑**。嘉美**喜歡花崗岩土壤**,除了擁有這種土質的薄酒萊區以外,再北一點的馬可內、羅亞爾河谷地,甚至鄰國的瑞士也都有在種植。至於在新世界,因為用其他的品種也可以來釀造出輕盈又順口的葡萄酒,所以幾乎不會栽種嘉美。

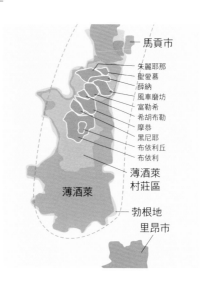

馬貢市

朱麗耶那
聖愛慕
薛納
風車磨坊
富勒希
希胡布勒
摩恭
黑尼耶
布依利丘
布依利

薄酒萊
村莊區

薄酒萊

勃根地
里昂市

品種的
原生地圖與
釀造方法

世界上的卡本內蘇維翁、黑

黑葡萄品種的卡本內蘇維翁、黑皮諾以及白葡萄品種的
夏多內在世界的何處釀造？讓我們從地圖來看看。

德國 ●●

奧地利 ●
羅馬尼亞 ●●●

法國 ● ● ●

摩爾多瓦 ●

瑞士 ●

義大利 ● ●

中國 ●

西班牙 ● ● ●

澳洲
● ● ●

── 南非 ● ●

● 卡本內蘇維翁
● 黑皮諾
● 夏多內

皮諾、夏多內

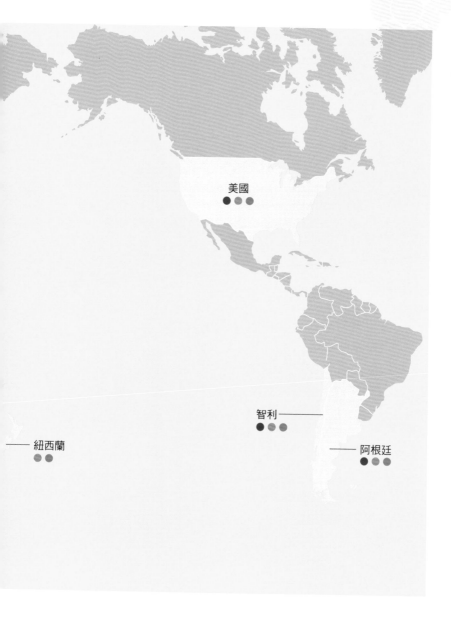

美國

智利

紐西蘭

阿根廷

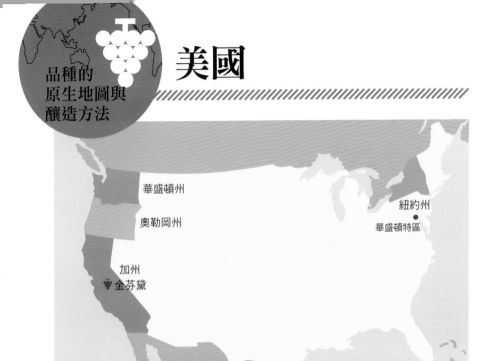

美國

華盛頓州

奧勒岡州

紐約州

華盛頓特區

加州
金芬黛

金芬黛的原產地雖然是在克羅埃西亞，但是這裡是以美國為出發點的角度來看，因此標上原生地符號。

消費量超越
生產量的國家

　　美國在分類為新世界的國家當中，竟出乎意外的是現代**葡萄酒中歷史最短的國家**。最主要的原因是由於過去曾經實施禁酒法（1920）而使葡萄酒的釀造被迫中斷。等到禁酒法解除的隔年，在UC Davis分校開始對葡萄酒進行了產學合作的研究，而使美國對葡萄酒的意識迅速地覺醒勃興。此外，因為來自對深受葡萄酒文化影響的歐洲移民非常多，因此葡萄酒的發展很快地便使**消費量超越生產量**的方向前進。結果，美國所釀造的葡萄酒便以**美國國民的消費喜好為其主流**，出口反而不是最主要的目的。

　　在美國，雖然各州都有生產葡萄酒，但以生產量來看，加州卻占了將近9成。在其他州所剩下的1成，近年來則以奧勒岡州、華盛頓州和紐約州等最受矚目。

　　美國葡萄品種的組成和法國相似，特別是以所謂的卡本內蘇維翁和梅洛的**波爾多式**以及夏多內和黑皮諾的**勃根地式**為兩大勢力，然後再加上自己特有的品種金芬黛為主。

　　除此之外，美國也大量地生產著容量大而價格頗具優勢的葡萄酒。

金芬黛 × 加利福尼亞

 來自克羅埃西亞，單寧豐富的品種

在美國，特別是在加州完成獨自發展的金芬黛，其起源是來自Crljenak Kastelanski葡萄種，這和義大利的普里米蒂沃（Primitivo）是屬於同樣的品種。金芬黛喜歡排水良好的土壤，**在較為溫暖的土地上容易發育**為其主要特徵。同樣被視為加州高級葡萄酒的卡本內蘇維翁或夏多內的栽種地，或是在更溫暖的土地上，都有相當廣泛的栽培。金芬黛能萃取強勁又有**豐富的果味**和單寧，酒精濃度也高，釀造出的葡萄酒相當有力量。

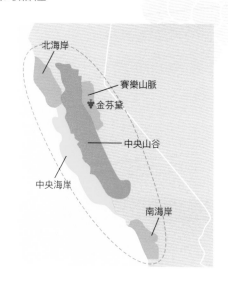

黑皮諾 × 奧勒岡

 在類似勃根地的環境裡種植黑皮諾

黑皮諾雖然在加州也種植很多，但是在1979年由法國所舉辦的勃根地與奧勒岡的黑皮諾品酒當中奧勒岡榮獲了第二名，因此便開始受到比加州更多的關注。奧勒岡位在加州的北方，在美國是**屬於相當冰冷的產地**。北緯45度正好和勃根地差不多，因為氣候條件相似，所以被認為是相當適合種植**黑皮諾和夏多內**的地區。和加州相同，由於沿海較冷，因此黑皮諾主要栽種於那些地方。所釀造出的葡萄酒，**果味也非常豐富**。

澳洲

品種的原生地圖與釀造方法

北領地

昆士蘭省

西澳洲省

南澳洲省

新南威爾斯省

●坎培拉

維多利亞省

 以希拉茲為代表，孕育出自我風格的澳洲

　　雖然是地方廣大的國家，但葡萄酒卻僅在一部分地區有在生產。此外，和美國相反，由於人口稀少，因此葡萄酒的生產是**以出口為主要目的**。原本是為了迎合宗主國英國所偏好的口味而釀造酒精強化的波特酒，後來則變成連一般靜態酒的釀造也都是顏色深邃，口感強勁，**形成具有獨自風格的葡萄酒，而**發展起葡萄酒產業來。現在則因為相當重視世界的葡萄酒消費國的口味，所以時時刻刻都**配合著世界潮流來釀造葡萄酒**。

　　澳洲在氣候上雖然是屬於氣候炎熱的國家，但不是只有溫暖的產地，也有在高海拔的地方所開闢的葡萄園，或是在沿海受海風影響而十分涼爽的地方。此外，雨量稀少也是該地區的特徵之一。像在這種多樣的氣候條件下，種植著卡本內蘇維翁、夏多內以及雷斯林等許多的品種。在來自法國品種當中，成功最早的當屬希拉茲，說它現在已經是澳洲葡萄酒的代名詞一點也不為過。另外，在其他品種的葡萄酒當中，雖然也有只用單一品種釀造的，但是混釀的葡萄酒也相當多，其中也有像是「**榭密雍‧夏多內**」或是「**希拉茲‧卡本內**」等原產國不太會用來混釀的品種來搭配，而成為了澳洲葡萄酒的一大特色之一。

希拉茲 × 南澳洲省

 在澳洲發展出獨特世界的品種

　　希哈來自法國的隆河區，而最早獲得世界性好評的，則是位於南澳州巴羅莎谷的奔富酒莊（Penfolds）所產的Grange酒款。過去在葡萄酒名中曾有法國的產區「艾米達吉（Hermitage）」這一個字，但隨著希哈落腳於澳洲之後，名稱改為了希拉茲，**配合著溫暖的氣候以及合適的土壤等得天獨厚的環境，不只是南澳州，最後甚至成為了代表整個澳洲的品種**。在早期雖然會帶著野獸般的氣味，但最近出現相當**濃郁的濃縮感**，雖然不像卡本內那樣質地堅硬，但是口感**結實又帶著果味**，讓澳洲希拉茲發展出自己獨特的世界。

· 希拉茲

雷斯林、榭密雍 × 澳洲全土

 走出自己獨特路線的雷斯林、榭密雍

　　雷斯林和榭密雍也如同希拉茲一樣，從原產國傳來之後，便發展成有澳洲獨自特色的品種。**南、西澳洲和維多利亞省的雷斯林評價相當高**，即使**年份相當新也能明確地感覺到汽油味為其主要特徵**。另一方面，**榭密雍則是以新南威爾斯省的獵人谷（Hunter Valley）為其代表產地**。做為不論什麼土地都能順利生長的品種之一，相對於波爾多同時有甜與不甜的兩種口味，澳洲所生產的則大多數是屬於**不甜的葡萄酒**。採收期較早，經過長期熟成之後，酒精濃度雖然不高，卻**散發著蜂蜜和芬芳的香味**，成為獵人谷榭密雍特有的風格而聞名遐邇。

· 榭密雍
· 雷斯林

紐西蘭

 在冰冷土地上開花結果的
白蘇維翁與黑皮諾

位於比澳洲更南,由兩大島所組成的紐西蘭。在南緯35～46度的位置,屬於四面環海的海洋型氣候。即使在盛夏,**日夜溫差仍然很大**,宛如一天之內就有四季變化一般。由於整體屬於寒冷氣候,因此所釀造出的葡萄酒有著**酸味和果味非常和諧**,味道相當優雅的特色。

傳播至該國的葡萄酒文化和葡萄並非直接來自歐洲,而是經由澳洲而來。白葡萄有夏多內、白蘇維翁、雷斯林和灰皮諾等;黑葡萄則有梅洛、卡本內、希哈和馬爾貝克等歐洲品種被帶進來,並以北島為中心進行葡萄酒的釀造,自此約有200年。雖然長年是以國內消費為中心生產葡萄酒,但自從1973年在南島的**馬爾堡地區**開始種植**白蘇維翁**之後,其成功獲得了世界的認可,而讓紐西蘭以葡萄酒生產國的身分而為世界所知。此外,因**奧塔哥中部地區**所生產的**黑皮諾**評價相當不錯,近年來也受到了相當大的矚目。這兩個品種都十分適合該國的寒冷氣候,屬於是紐西蘭的前兩大品種而君臨天下。

北部地區
奧克蘭
豐盛灣
吉斯伯恩
懷卡托
尼爾遜
威靈頓
豪克斯灣
馬爾堡
🍇白蘇維翁
坎特伯雷&
懷帕拉
奧塔哥中部地區

白蘇維翁的原產地雖然是波爾多,但是由於釀造的風格與該地不同,因此標上原生地符號。

紐西蘭

白蘇維翁 × 馬爾堡

 因個性鮮明，在短時間內即獲得世界的好評

　　白蘇維翁最初種植於馬爾堡時，據說是在河床這樣的地方。一開始就會出現**明顯的香氣為其特色**，雖然都是相同的品種，但和在羅亞爾所釀造的那種盡可能抑制青草氣息的葡萄酒相較，可說是呈現出完全相反的個性。這與其說是因為土壤和氣候的不同所致，倒不如說由於個性所形成的風格差異。這樣的葡萄酒不只是在紐西蘭，同時也被世界所接納而得到認可。因此植樹後才過40年，就已經在**國際上被認為屬於是該品種特性的基準**了。

馬爾堡
佔紐西蘭一半以上的種植面積。

黑皮諾 × 奧塔哥中部地區

 讓勃根地倍感威脅般的存在

　　黑皮諾在**南島和北島都有種植**，雖然紐西蘭本來就屬於氣候**寒冷的國家**，但是黑皮諾卻傾向在更冷的地區如奧塔哥中部地區、坎特伯雷和懷帕拉等地方種植，因此所釀造出的葡萄酒感覺更優雅高尚。這是由於該地雖然氣候寒冷，但是日照量非常充足，因此能夠孕育出顏色漂亮而果味四溢的葡萄酒。因為原本就是栽種的好地方，所以讓紐西蘭能夠釀造出非常精彩的黑皮諾。同時，正因為還有許多潛力可以發揮，所以現在甚至聽說這讓原生地勃根地的生產者倍感威脅而感到戰戰就就。

奧塔哥中部地區
海拔高，就產地而言，屬於世界的最南端。

坎特伯雷 &
懷帕拉

智利／阿根廷

 **拜環境所賜,釀造出
物美價廉的葡萄酒**

葡萄酒的釀造技術在16世紀傳到智利,然後到了1851年時,由稱為智利的葡萄栽種之父斯維思特 歐哲威(Silvestre Ochagavía)從法國引進高級的品種,並同時請來技術專家,進而展開了現代葡萄酒的釀造。**受到秘魯寒流的影響,智利氣溫寒冷而天氣晴朗,少雨而乾燥,因此讓土壤不會有根瘤蚜(Phylloxera)(→p.123)的產生,健全性非常高,可說是天賜的適栽地。**智利生產相當多的紅酒,主要品種是卡**本內蘇維翁。至於同樣是從法國傳來的卡門內,雖然在波爾多曾一度滅絕,但卻在智利繼續存活了下來,因為能表現出自己的特色而受到相當多的期待。**

 **追求濃縮度
在高海拔的地方栽種**

阿根廷在**海拔高達300～2400m**(2400m和富士山的五合目富士宮口同高)的地方栽種葡萄是其主要特徵。**陽光照射強,能釀出濃縮感很高的葡萄酒。**關於品種方面,在同樣是由法國傳來的品種當中,**馬爾貝克栽種的非常多。**阿根廷的葡萄酒釀造幾乎和智利的經歷過程一樣,不過近年來因為在技術上有相當多的突破,所以也開始能釀造感覺**洗練的葡萄酒出來。**

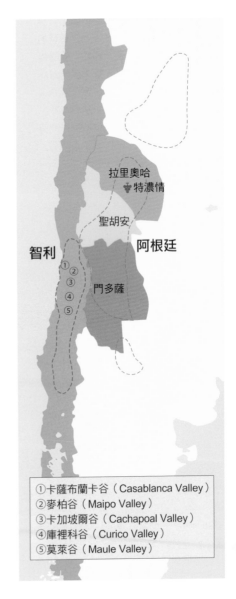

拉里奧哈
特濃情

聖胡安

智利   阿根廷

①
②
③   門多薩
④
⑤

①卡薩布蘭卡谷(Casablanca Valley)
②麥柏谷(Maipo Valley)
③卡加坡爾谷(Cachapoal Valley)
④庫裡科谷(Curico Valley)
⑤莫萊谷(Maule Valley)

卡本內蘇維翁 × 智利

酸度高為特徵
智利具代表性的紅酒品種

日本稱為「智利卡本」，相當風靡一時的智利的**卡本內蘇維翁**。不論在生產量或是知名度上，都可做為代表智利的品種。和黑葡萄栽種面積第二名的**梅洛**一起在條件相當好的土地上，釀造出果味洋溢的波爾多式葡萄酒。和他國的卡本內蘇維翁相比，由於受到**秘魯寒流**的影響而種植在冷風吹拂的環境當中，因此生產的葡萄酒大多會給人**稍微偏酸的印象**。

在智利所栽種的卡本內蘇維翁。

馬爾貝克 × 阿根廷

今後也倍受期待
阿根廷面積最大的黑葡萄

馬爾貝克是法國西南部卡奧爾（Cahors）的主要品種。雖然馬爾貝克在波爾多或是羅亞爾河是做為輔助品種使用，但是**在阿根廷則以所栽種面積最大而自豪**。主要是種植在中西部的**門多薩**。

由於馬爾貝克是屬於色素多，顏色深邃的品種，歷史上曾在卡奧爾被稱為黑葡萄酒。此外，香氣的特徵則因為能感覺到深色莓果的氣味帶著藍紫色系的花香，因此經常能聞到紅紫蘇的味道。

智利的種植環境為日照量多，而雨少。

阿根廷在海拔高的地方栽種葡萄，因此太陽光線很強。

義大利

品種的
原生地圖與
釀造方法

 由多種品種所孕育出地方特色
和個性都非常豐富的葡萄酒

雖說是與葡萄酒大國法國並駕齊驅，但近年來幾乎確定是生產量第一名的葡萄酒帝國─義大利。義大利雖然也有種植法國的品種，但也存在著許多自己獨特的品種。在每個區域依其不同的氣候、土壤狀況而種植適合當地的本土品種，然後釀造出各種不一樣的葡萄酒為其主要特色。主要的品種當中還有許多分株（clone），而本土品種據說更是多達300到400種。舉例來說，在義大利栽種最多的黑葡萄山吉歐維樹（Sangiovese）就有88種分株，名稱也各不相同。因此，各地分布著分類很細的品種，由單一品種涵蓋整個區域的情形不多，白葡萄的話主要是崔比亞諾（Trebbiano）和慕斯卡多（Moscato），而黑葡萄大概就只有山吉歐維樹和其分株。

如同反映出樸素和流行並存的國民性般，在葡萄酒的世界裡也巧妙地分別依照傳統的方法和知識，或是採用最新的技術來釀造葡萄酒。

這樣所釀造出來的葡萄酒，依不同的地域而產生許多變化與個性，對研究的人來說相當麻煩，但對喜歡喝葡萄酒的人而言，可說是令人相當開心的生產國。讓我們對照169頁的地圖，來看看義大利那多采多姿的品種及分布情形。

位於南方的坎帕尼亞地區，其沿海坡面陡峭的葡萄園。

特倫蒂諾‧上阿迪傑位在義大利北部，是由多岩塊的群山所包圍的涼爽地區

皮埃蒙特栽種著奈比歐露、巴貝拉以及多切托等品種。

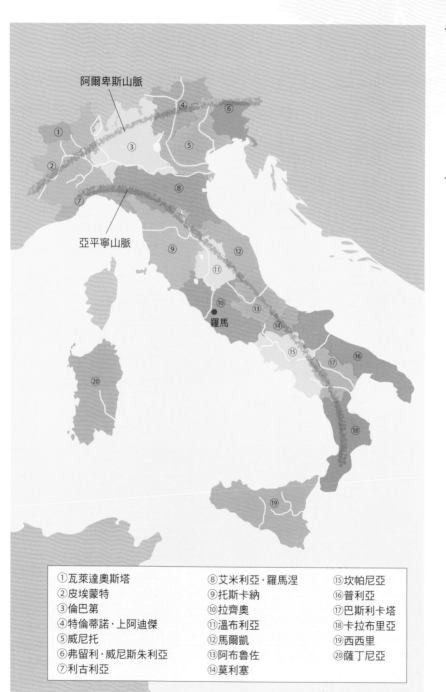

阿爾卑斯山脈

亞平寧山脈

羅馬

①瓦萊達奧斯塔　　⑧艾米利亞‧羅馬涅　⑮坎帕尼亞
②皮埃蒙特　　　　⑨托斯卡納　　　　⑯普利亞
③倫巴第　　　　　⑩拉齊奧　　　　　⑰巴斯利卡塔
④特倫蒂諾‧上阿迪傑⑪溫布利亞　　　　⑱卡拉布里亞
⑤威尼托　　　　　⑫馬爾凱　　　　　⑲西西里
⑥弗留利‧威尼斯朱利亞⑬阿布魯佐　　　⑳薩丁尼亞
⑦利古里亞　　　　⑭莫利塞

義大利的 **黑葡萄品種**

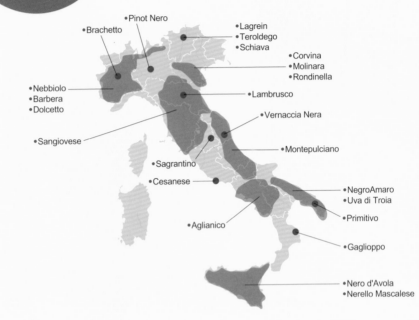

- Pinot Nero
- Brachetto
- Lagrein
- Teroldego
- Schiava
- Corvina
- Molinara
- Rondinella
- Nebbiolo
- Barbera
- Dolcetto
- Lambrusco
- Sangiovese
- Vernaccia Nera
- Sagrantino
- Montepulciano
- Cesanese
- NegroAmaro
- Uva di Troia
- Primitivo
- Aglianico
- Gaglioppo
- Nero d'Avola
- Nerello Mascalese

奈比歐露和山吉歐維榭
是了解義大利的重要品種

　　以品種的栽種面積來看，雖生產量依序為山吉歐維榭、蒙特普齊亞諾、梅洛。但如果要了解義大利的黑葡萄，以**北義大利的奈比歐露和以義大利中部為中心的山吉歐維榭**最重要。

　　奈比歐露是巴魯洛和巴巴瑞斯科的代表品種，相當**具有結構性、雄壯**，在經過長期熟成後會轉化成非常華麗的葡萄酒。雖然在其他產地也曾嘗試栽種，但是相當不容易培育，比黑皮諾**更不容易在世界的分布上看到**。

　　另一方面，**山吉歐維榭是很容易種植**的品種，在義大利全國都能看到其分布。含分株在內的山吉歐維榭不容易捕捉其特色，雖然布雷諾蒙塔奇諾被視為是最高級的產區，但是山吉歐維榭的特色在**奇揚地或經典奇揚地的身上應該會更明顯**。近來，以南義大利的黑達沃拉為主，**釀造出相當平易近人的葡萄酒品種也開始受到矚目**。品質提升，整體**散發的果味很清新**，美味也上升不少。

義大利的 白葡萄品種

- •Pinot-Bianco
- •Chardonnay
- •Cortese
- •Arneis
- •Bosco
- •Vermentino
- •Friulano
- •Verduzzo
- •Picolit
- •Glera
- •Garganega
- •Albana
- •Verdicchio
- •Vernaccia
- •Vermentino
- •Vernaccia
- •Greco
- •Fiano
- •Falanghina

義大利全域
- •Trebbiano
- •Moscato
- •Malvasia

- •Grillo
- •Catarratto

分布在各地
個性豐富的本土品種

　　在白葡萄之中，並沒有栽種面積特別突出的品種，以全義大利都有種植的品種來看，主要有崔比亞諾和慕斯卡多等。除此之外，其他大部分則是分散在各地，有著豐富個性和具在地特色的本土品種。

　　義大利的白酒雖有品種相同或品種多樣的類型，但是能夠代表義大利葡萄酒或是**代表義大利的品種目前則尚未出現**。相反的，能夠分類在第二類的種類則非常多。屬於高級葡萄酒品種的有坎帕尼亞的格雷克和皮埃蒙特的阿內斯；

而味道平易近人的葡萄酒有分布在北義大利的科特賽和威尼托的加戈內加。此外，在威尼托還有用來做為普羅賽克氣泡酒原料的格雷拉，這種氣泡酒很受到義大利人的喜愛。

　　最後，在整個義大利都有栽種的慕斯卡多則是在各地被釀造成甜的白酒。特別是皮埃蒙特的**甜氣泡酒阿斯堤**，及**微氣泡的麝香阿斯堤**，即使在日本也非常地受到歡迎。

西班牙

納瓦拉

下海灣

杜埃羅河岸

里奧哈

🍇格那希
🍇加利涅納
🍇卡本內弗朗

加泰隆尼亞

巴塞隆納

佩內德斯

馬德里

拉曼查

赫雷斯
（雪莉酒）

 西班牙的品種與產地
可依地區的分類來整理其特色

關於西班牙的品種與產地，可用地區的概念來理解產地。該國偏好用橡木桶熟成，用這樣的角度來理解葡萄酒法，對資料整理很有幫助。

西班牙生產高級葡萄酒的地區含里奧哈在內的北部地區和加泰隆尼亞在內的地中海沿岸北部。**北部的代表品種是田帕尼歐**。里奧哈是屬非常尊崇長期熟成的地區，所以**創造出因熟成而非常熟透的葡萄酒世界**。一方面，地中海沿岸北部以**使用3種品種釀造洗練的卡瓦（Cava）氣泡酒**的區域及使用加那恰（格納希）釀造高級葡萄酒而急速發展的普里奧拉為主要代表。

包含馬德里在內的內陸地區是屬夏天非常炎熱乾燥的地區。在這裡栽種著許多的品種，**白葡萄是用阿依倫（Airén）**，黑葡萄以各式各樣的品種來大量製造價格相當便宜的葡萄酒。此外，雖然同樣都在內陸地區，在靠近杜埃羅河岸的地方並不像馬德里四周炎熱，從以前就一直能**生產出凌駕於里奧哈的葡萄酒**。

最後，做為大西洋岸的代表產地是下海灣（Rias Baixas），代表品種是阿爾巴利諾。此處多雨，和日本一樣是用**搭棚架方式栽種，成為病害抵抗力很強的品種**，釀出的白酒適合搭配魚類料理。

西班牙的黑葡萄

 田帕尼歐一人獨勝

西班牙的本土品種雖然不像義大利那樣多，但也算是**本土品種相當多的國家**。在這當中，**田帕尼歐**的栽種面積急速擴張，在全世界到2010年為止的10年之間是面積增加最多的品種。在許多地方都有栽種，成為高級葡萄酒的原料。另一方面，黑葡萄栽種面積第二名則是**博巴爾（Bobal）**，主要種植在瓦倫西亞。此外，西班牙亞拉岡地區原產的**加那恰（格那希）**以及**加利涅納**也都是屬於相當重要的品種。

西班牙的白葡萄

 眾多具有個性的品種

若是被單獨使用，充滿個性的品種有在下海灣使用的**阿爾巴利諾**和查克裡使用的**白蘇黎**等。在大西洋沿岸的**格德約**，人氣逐漸升高，現在也受到高矚目。白葡萄的重要品種有用來釀造**卡瓦氣泡酒的瑪卡貝歐、伽拉洛、帕雷拉達和馬瓦西亞**，用來做雪莉酒的**帕洛米諾、佩德羅·希梅內斯和蜜思嘉**，也都是重要的品種。

加烈酒與雪莉酒

代表**加烈酒**的雪莉酒以及**馬德拉酒、波特酒和馬薩拉酒**等，其共通之處在於**酒精濃度高而不易變質**。這是由於在大航海時代，如果要將靜態酒運送到很遠的地方時，容易因為船艙悶熱而導致葡萄酒氧化，因此為了釀造出易於保存的葡萄酒，所以產生了這樣的葡萄酒。在釀造的過程中，透過添加高濃度酒精來抑制酵母菌的活動並阻止了糖的分解，進而增加了保存能力。相較於大部分的加烈酒都是甜的，雪莉酒則透過更改添加酒精的時間點，所以也能製造出透明而**口味不甜的類型**。因此，雪莉酒有利用在液體表面繁殖產膜酵母以形成薄膜，而添加獨特風味的菲諾（Fino）雪莉酒；也有不用產膜酵母，讓色澤呈現琥珀色，口感相當舒服的俄羅洛索（Oloroso）雪莉酒等，雖然都是雪莉酒，卻可以享受到許多不同的類型。另外，雪莉酒會經過長時間熟成後才上市。就像「雪莉桶風味」做為威士忌的品酒用語一樣，雪莉酒用過的空罐會被拿來做為威士忌的熟成之用。由於雪莉桶非常的珍貴，據說有的威士忌公司還會免費提供給雪莉酒公司全新的高價橡木桶。

名為貝貝叔叔，不甜的雪莉酒「Tio Pepe」。這是用帕洛米諾品種所釀造的不甜雪莉酒。（Mercian）

德國

易北河

薩勒・溫楚斯特

柏林

薩克森

萊茵河

中萊茵

萊茵高

阿爾

摩澤爾

那赫

雷斯林

法蘭肯

海茲榭

萊茵黑森

法爾茲

烏登堡

巴登

用抗寒的努力和品種釀造出高品質的葡萄酒

　　德國做為歐洲主要葡萄酒的生產國，在位置最北，**氣候條件非常嚴峻的生長環境下栽種著葡萄**。究竟是如何能對抗寒冷的？又是如何收集到即使在夏天也一樣是以低角度照射的太陽光的？德國用其他國家所不必要的栽培技術和巧思，釀造出高品質的葡萄酒。像這樣的環境，**白葡萄會比黑葡萄更容易生長發育，因此白酒的生產量較多**，從數字來看大約占60%左右。日本對於德國葡萄酒的印象是甜味居多，但其實甜葡萄酒的生產量僅36%而已，**紅酒和不甜的葡萄酒實際上比印象中要來得更多**。品種方面，**白葡萄有雷斯林，黑葡萄則是** Spätbur-gunder（黑皮諾）等，在這樣的環境下，發揮出本領而植被較多。此外，為了能夠種植出耐寒度高的品種以適應這寒冷的嚴酷環境，目前也正開發著非常多的交配品種。

雷斯林

 品質優良比種植容易
更受到肯定的雷斯林

　過去，在德國也曾經有過一段時期，因為易於生長的理由而增加種植該國自己開發的交配品種米勒‧圖高（Müller-Thurgau）。不過，隨著以美國為中心的雷斯林受到了相當好的評價，讓德國的雷斯林在1990年代後半終於又開始重新復活。同時，當時本來增加栽培的黑葡萄也改為種雷斯林，因而停止了黑葡萄產量的成長。**雷斯林在冰冷的產地能發揮本領**，配合德國嚴謹的葡萄酒製法，釀造出味道多樣從不甜到甜，且品質相當優良的葡萄酒。此外，由於味道非常纖細又充滿複雜度，因此適合搭配**以日本料理為主的輕飲食等**。

位於萊茵河沿岸的廣大葡萄園。

交配品種

 使用德國原有品種
改良成適合環境氣候的品種

　德國葡萄酒的特徵之一是會用交配品種釀造，在德國13個地區都有在栽種。採用的都**幾乎都是德國原本就有在栽種的品種，如雷斯林、希瓦那等來交配**。在這當中，**由雷斯林和皇家瑪德琳交配而成的米勒‧圖高**，其栽種量非常多，在德國各地都有種植。其他在白葡萄方面有托林格（Trollinger）和雷斯林交配出的**肯那（Kerner）**；黑葡萄則有赫爾芬斯坦恩（Helfensteiner）和埃羅爾德樂貝（Heroldrebe）所交配出的**丹菲特（Dornfelder）**，這些在許多產地也都有在栽種。

交配品種的米勒‧圖高。在德國各地幾乎都有栽種。

黑葡萄的交配品種丹菲特。

日本

北海道
葡萄酒的生產量
為日本第三。種
植許多耐寒的德
系葡萄。

山形
利用冷熱溫差大
的環境條件釀造
葡萄酒。

貝利A

山梨
甲州葡萄的發源
地。葡萄的栽種
面積和葡萄酒的
生產量均為日本
第一。

長野
用貝利A、夏多
內和梅洛等許多
品種釀造葡萄
酒。

甲州

在高溫多濕的氣候中，
經過挑選後的產地和品種

目前以日本國產葡萄做為原料製造葡萄酒的，據說北起北海道而南到宮崎縣為止。如果是日本知名的釀造葡萄酒產地則有山梨、長野、山形和北海道等地。會在這些地方種植釀造葡萄酒用的葡萄，這是由於日本和世界上其他的產地相比，因為緯度的關係而高溫多濕，葡萄容易生病，因此一開始就必須先選擇要在**下雨少的地方**種植。此外，在葡萄栽培方面，由於日夜溫差少的話葡萄會不容易變色，所以產地最好是在內陸，綜合這些因素，因此便由這些地方而發展了起來。目前，**可能是受到暖化的影響，讓北海道也開始受到了注意**。此外，種植的品種不只是有**卡本內蘇維翁、梅洛和夏多內**等國際品種，由日本獨自開發的**甲州**，以及配合日本環境條件所開發的**貝利A等的雜交品種**，在日本葡萄酒的釀造上，也都占有相當重要的地位。

甲州

 做為日本的原生品種
而獲世界認同的甲州

日本的原生品種當中，最知名的當屬**甲州**。原本生長在絲路，後來才傳到日本。在日本的起源雖然有兩種說法，但都是在山梨縣，而現在則不只是山梨縣，在山形縣和大阪府也都有栽種。此外，甲州經確認，和歐洲的品種一樣都屬於是歐洲葡萄種（Vitis Vinifera），在2012年獲得**O.I.V.（國際葡萄與葡萄酒組織）的品種登錄**。甲州在完全成熟之後，果皮會變成漂亮的粉紅色，然後和灰色系葡萄品種一樣都會帶有淡淡的澀味。從未去酒渣的熟成法所形成的不甜的口味，到橡木桶發酵、橡木桶熟成的豐富口感等，釀造出相當多種類的葡萄酒。

貝利A

 由「日本葡萄酒之父」
所開發出來的品種

貝利A葡萄是新潟縣岩之原葡萄園的創始者川上善兵衛用Bailey和Muscat Hanbom雜交，開發出**適合日本風土環境的黑葡萄品種**。從本州到九州都有廣泛地栽培，屬於在紅酒用的品種當中使用量最多的葡萄。由於Bailey葡萄有繼承到美洲葡萄種（Vitis Labursca）的基因，因此讓貝利A葡萄能散發出**草莓般的個性香氣**。繼甲州之後，在2013年也獲得了**O.I.V.**（國際葡萄與葡萄酒組織）的**品種登錄**。

用棚架栽種甲州的樣子。

甲州完全成熟後，果皮會像照片中的一樣變成粉紅色。

貝利A是配合日本風土環境所開發出的葡萄。

177

葡萄與土壤

越是高級的葡萄酒，土壤越會左右其價值

隨著葡萄酒知識的增加，我們會發現在很多地方都會提到和土壤相關的話題。的確，**栽種葡萄的土壤不同，所形成的味道也會跟著有所差異**。

例如黑皮諾，這個可說是勃根地的代名詞的品種，其品種特色在於有著紅色莓果的香氣和高雅的味道。雖然在勃根地受到廣泛的栽培，不過即使是同一個產區，在北部的夜‧聖喬治（Nuits-saint-georges）和阿羅斯‧高登（Aloxe-corton）以及波瑪（Pommard）所釀造出的葡萄酒，明顯地和其他區有著相當不同的共同特色的味道，會這樣則是因為夜‧聖喬治和波瑪的土地富含鐵分的關係。

此外，即使在與隔壁併在一起的葡萄園裡種植相同的黑皮諾，有時也會發生這裡產的價格數十萬，而隔壁產的價格僅數萬元的情況。這是由於從村莊分得再更細的莊園等級當中，其土壤差異而反映在味道上所致。非常高級的葡萄酒和高級葡萄酒的差別，簡直可以說最後就是因為土壤不同所造成的，也是就說**土壤的差異是決定葡萄酒價值的重要關鍵**。

取得土壤的資訊，是培養品酒實力的訣竅

讓我們也來了解看看葡萄品種和土壤種類之間的契合度。勃根地的黑皮諾是世界上許多生產者都想嘗試種植的品種，但是栽種之後，卻幾乎很難成功，會這樣是由於黑皮諾是屬於**對土壤非常挑剔的品種**的關係。

另一方面，卡本內蘇維翁和梅洛則在世界各地都能栽培成功。卡本內蘇維翁喜歡砂或石子多且排水良好的砂礫土；而梅洛則喜歡保水力佳的黏土質，在各自適合生長的土地上，孕育出世界頂級的葡萄酒。

當還是初學者的時候，要分辨品種的差異可能會比較困難，因此自然也無法了解葡萄酒會受到土壤怎樣的影響。為了能夠了解葡萄酒的個性與土壤之間的關係，在品酒時能養成習慣，蒐集好**來自生產者等所發布的土壤相關資訊**，並將它們記在心裡是非常重要的。此外，在松塞爾等地方，有時同一個生產者會在同一個法定產區（appellation）用同一種葡萄品種，但釀造出來自不同土壤的葡萄酒。有機會可以喝喝看像這樣的葡萄酒，以了解土壤會帶給味道怎樣的影響。

土壤的特徵會表現在葡萄酒的個性上。
為了能了解這一點，讓我們準備好土壤資訊，然後來進行品酒。

頂級莊園的介紹

威廉費爾酒莊（William Fevre）X夏布利X夏多內

威廉費爾酒莊可說是夏布利區最頂尖的生產者。這片土地的特徵在於是屬於所謂的啟莫里階（Kimmeridge）地質，這種由牡蠣化石所形成的土壤當中，含有相當豐富的礦物質。

**拉格喜酒堡（Chteau Lagrange）X
波爾多左岸（梅鐸）X卡本內蘇維翁**

拉格喜酒堡的土地是砂礫土，是排水能力非常好的土壤。是在冰河時期，由洪水從庇里牛斯山等地方所搬運過來的。

**佩楚酒堡（Petrus）X
波爾多右岸（波美侯）X梅洛**

質地非常細緻的黏土，是梅洛相當喜好的土質。土質鬆軟，即使下雨也不會積水。是具有保水力，卻又排水良好的土壤。

**喬治杜柏夫酒廠（Georges Duboeuf）X
風車磨坊X嘉美**

在薄酒萊的10個特級莊園（Cru）一帶，是由花崗岩崩解成砂地形成的土壤，排水佳非常適合嘉美生長。這裡更被認為是當中最好的莊園。

**莫拉德酒廠（Morlanda）X普里奧拉X
格那希、卡利濃**

土質為被認為是相當適合栽種葡萄的泥板岩。由於是板狀的岩塊，因此排水佳，葡萄樹能夠向下扎根，即使少雨也能確實地結出果實。

**登美之丘酒廠X山梨縣X
卡本內蘇維翁、梅洛、小維鐸**

土壤由火山礫和火山灰所構成，排水也不錯，相當適合許多品種。在日本眾多火山性質土壤的葡萄園中，該酒廠屬於品質極佳的代表。

紅酒的釀造方法

品種的
原生地圖與
釀造方法

色素、單寧和香氣的萃取，是掌握美味的關鍵

紅酒是將原料中的葡萄糖分解，經**酒精發酵**而變成的葡萄酒。不過，為了製造出「美味的葡萄酒」，還需要靠生產者的想法以及各種的**釀造技術**。那麼，就讓我們來看看葡萄酒是如何製造，以及會用到哪些釀造技術。

葡萄採收後，會先剔除掉尚未成熟或不適合作為原料的部分（**篩選**）。近年來，這項工作被認為非常重要，因此也出現了非常出色的機器進行篩選。接著是除掉葡萄梗，也就是**去梗**的步驟，然後在發酵桶或發酵槽裡開始**第一次發酵**。將果汁連同果皮一起浸泡，在稱為**浸皮**的釀造工程裡，從果皮中萃取出單寧、香氣的成分，並進行酒精發酵。接著，在發酵的後半段會發生的是**乳酸發酵**（MLF）。酒精發酵和二氧化碳浸皮法以及乳酸發酵會經常兩個或三個一起同時進行，在第一次發酵的階段，這些工作會彼此複雜地進行交互作用。

發酵完之後，去除果皮和種籽後便是榨汁（press），然後便將葡萄酒從發酵槽移到橡木桶裡。經過熟成、**換桶**、**清澄**、**過濾**之後，最後**裝瓶**再出貨上市。

釀造的流程

┈┈► 在過程中所實施的釀造技術

① 採收
採收的方式有人工採收和機器採收。

② 篩選
剔除掉尚未成熟或是不適合作為原料的部分。

③ 破皮・去梗
將黑葡萄壓破（破皮），然後去除葡萄梗（去梗）。有時也會不去梗。

④ 第一次發酵・浸皮
將果泥（③的果汁、果皮、果肉、種籽的混合物）放入木桶或不鏽鋼槽裡，加入酵母菌後進行發酵。

⑤ 榨汁
發酵完畢之後，分離掉液體的部分（葡萄酒），將剩下的果皮和種籽放入壓榨機裡榨汁。

⑥ 乳酸發酵
在乳酸菌的作用下，將葡萄酒中的蘋果酸轉化成乳酸。

⑦ 橡木桶・不鏽鋼桶熟成
將葡萄酒移至橡木桶或是不鏽鋼桶，並讓它們在酒窖裡熟成。

⑧ 換桶
為了去除葡萄酒裡的沉澱物，會將葡萄酒移到別的容器。

⑨ 清澄・過濾
如有必要會清澄並過濾葡萄酒，也有的不會實施此一步驟。

⑩ 裝瓶
將葡萄酒裝進酒瓶裡。有立刻出貨上市和在酒窖繼續熟成的。

讓我們來了解紅酒的製造過程，
並看看其釀造技術。

篩選

即使是一串葡萄當中，每一粒的熟度也都會不一樣。這張照片中雖然是用手挑除、但現也有可以一粒一粒測定糖分，利用風壓剔除葡萄的機器登場。利用這種機器，只用甜度更高的葡萄來釀造，將能製造出更出色的葡萄酒。在拉格喜酒堡（Château Lagrange）也有在使用這種機器。

淋汁與踩皮

在浸皮的時候，還用幫浦將果汁抽出，然後沖淋在葡萄汁上面的淋汁（remontage），也有的會用工具將浮在上面的果皮等（酒帽）慢慢地壓入酒中，以促進萃取的踩皮（pigeage）。前者是波爾多地區，而後者是勃根地會使用的方法。在世界各地則會靈活運用這兩者的優點，進行浸皮。

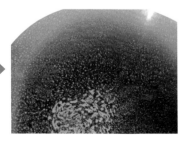

乳酸發酵（MLF）

透過乳酸發酵，能夠將酸味變得柔軟滑順，增加複雜度並產生豐潤的香氣。這種發酵，依照釀酒師所想要釀出的葡萄酒風味，有的會進行乳酸發酵，有的則不會。

白酒的釀造方法

 **依照不同的方法與技術，
創造出各式各樣的個性**

　　白酒的發酵方式和釀造方法其流程基本上和紅酒相同，最大的不同只有一個地方，那就是**不需要從果皮中萃取出色素和單寧**。不過，也有部分的生產者為了要萃取出果皮的新鮮香氣，在果實破皮後不會直接榨汁，而是採取讓果汁和果皮接觸的**短暫浸皮（skin contact）**。

　　白酒釀造的流程是經過篩選、破皮・去梗然後進行榨汁，接著將葡萄所流出來的果汁倒進發酵桶裡，進行去除雜質的**低溫沉澱（débourbage）**作業。將剛榨好的葡萄汁以低溫的狀態暫時放置一段時間，讓雜質沉澱之後，再將清澄的果汁進行酒精發酵。一般大多會在不銹鋼槽裡發酵，但是也有一些生產者會比較喜歡用橡木桶發酵，透過這些技巧，可以釀造出高級的葡萄酒，使它們和其它的葡萄酒感覺與眾不同。此外，如果白酒是產自酸度低的地區，或是想讓白酒的酸味感覺爽快的時候，則通常不會進行**乳酸發酵（→p.180）**。

　　最後，白酒經過發酵之後，有的會直接從不銹鋼槽裡進行後續的處理然後直接出貨上市，有的則還會再經過橡木桶熟成後才出貨。依照所採用的方法和技術，創造出不同個性的葡萄酒。

釀造的流程

┄┄▶ 在過程中所實施的釀造技術

① 採收
用人工或機器採收果實。

② 篩選
剔除掉尚未成熟或不適合作為原料的部分。

③ 破皮・去梗 ┄┄┄┄┄┄
將白葡萄或黑葡萄壓破（破皮），然後去除葡萄梗（去梗）。有時也會不去梗。

④ 榨汁
迅速利用壓榨機將果汁抽出來。

⑤ 低溫沉澱 ┄┄┄┄┄┄
在低溫的狀態下放置半天左右，讓雜質沉澱，然後將上面清澄的果汁加入酵母後進行發酵。

⑥ 乳酸發酵
在乳酸菌的作用下，將葡萄酒中的蘋果酸轉化成乳酸。也有的不會實施此一步驟。

⑦ 橡木桶・不鏽鋼桶熟成 ┄┄┄
將葡萄酒移至橡木桶或是不鏽鋼桶，然後在酒窖裡熟成。

⑧ 換桶
為了去除葡萄酒裡的沉澱物，會將葡萄酒移到別的容器裡。

⑨ 清澄・過濾
如有必要會清澄並過濾葡萄酒，也有的不會實施此一步驟。

⑩ 裝瓶
將葡萄酒裝進酒瓶裡。有的會直接出貨上市，也有的則會在酒窖裡繼續熟成。

讓我們來看看白酒的
釀造方法和其釀造技術。

浸皮（skin contact）

讓果汁與果皮接觸。一般來說，如果想
要釀造出口感簡單又帶有果香的葡萄
酒，這會是很常使用的技術。接觸的時
間長短則視每個葡萄酒的情況而訂，通
常會在發酵前的數小時到數天前開始進
行。葡萄酒如果帶有果皮的香味，能夠
讓人充分地感覺到葡萄的味道和豐富的
果香，同時增加複雜度，讓葡萄酒變得
相當順口。

不鏽鋼槽發酵與橡木桶發酵

不鏽鋼槽發酵的優點在於能夠掌控發酵
時的溫度和容易清潔酒槽；使用橡木桶
則可以讓葡萄酒有橡木桶的風味，透過
一點點緩慢地供給氧氣以促進變化，並
增加複雜度。在勃根地釀造高級葡萄酒
的生產者大多喜歡用橡木桶發酵。

橡木桶熟成

完成發酵後的葡萄酒，有的接著會進行
橡木桶熟成，而讓葡萄酒形成複雜又沉
穩的風味。橡木桶有新桶和舊桶的分
別，使用新桶會讓葡萄酒更有力量，感
覺更加沉穩。不過，由於橡木桶有的一
個可以高達10～20萬日幣，因此能夠讓
使用新桶的比例比較高的，大概也只有
那些高價販賣的葡萄酒才可能做得到。

粉紅酒的釀造方法

粉紅色的葡萄酒通稱為「粉紅酒」。
不論白酒風或是紅酒風，口味眾多而魅力無窮。

 ## 基本上黑葡萄都能釀造出各種的粉紅酒

粉紅酒有3種釀造方法。第一種是放血法（saignē）。所謂的放血法，使用的是黑葡萄，然後採用和紅酒相同的方法進行釀造。去梗、破皮然後將果汁和果皮以及種籽一起浸泡。等到相當有顏色之了後，便讓果汁流出（放血），然後進行和白酒一樣的低溫發酵，這個又稱為浸皮法。第二種是直接榨汁法。使用黑葡萄，然後進行和白酒一樣的釀造方法。破皮、榨汁之後，只發酵果汁。由於葡萄含有很多色素，因此即使只是榨汁也會變成相當美麗的粉紅色。第三種則是混合法。和放血法不同的是，同時使用黑葡萄和白葡萄，然後進行發酵的釀造方法。在歐洲所釀造的靜態酒，根據葡萄酒法，除了香檳區以外，禁止利用混合白酒和紅酒來釀造粉紅酒。

粉紅酒的3種釀造方法

A 放血法

將黑葡萄用和紅酒一樣的方法釀造。主要的代表有法國羅亞爾河的塔維勒（Tavel）、普羅旺斯和科西嘉島的粉紅酒。

B 直接榨汁法

將黑葡萄用和白酒相同方法釀造。在破皮、榨汁後，從果皮移到果汁的顏色便會讓葡萄酒變成粉紅色。以美國的Blush Wine為主要代表。

C 混合法

將黑葡萄與白葡萄混合而成的果泥發酵、釀造，是德國Rotling所使用的釀造方法。

以放血法為主所釀造的「Japan Premium Muscat Berry A Rosè」〈Suntory Wine International〉。

Blush Wine的「California White Zinfandel Beringer Vineyards」〈Sapporo Beer〉。

用混合法釀造的「Rotling Deutscher Tafelwein」〈稻葉〉。

氣泡酒的釀造方法

從最高級葡萄酒到日常餐酒，
依照不同的方法釀造出多樣的種類。

 風味完全不同的瓶內二次發酵和夏馬法

氣泡酒有非常多種的製造方法。其中，成為主流的是瓶內二次發酵和夏馬法（Charmat Method）。

瓶內二次發酵是以香檳為代表的釀造方法，讓葡萄酒產生複雜的口感，然後成為高級的葡萄酒。同樣也是用這種方法，但在法國香檳區以外的地區所生產的則稱為克雷芒（Crémant）。在世界各地都有用瓶內二次發酵來製造葡萄酒，義大利的法蘭契亞寇塔（Franciacorta）和西班牙的卡瓦即是相當知名的氣泡酒。

另一方面，用夏馬法所生產的氣泡酒，新鮮又芳香的風味則為主要特色，大多適合在一般的日常生活當中享用。在全世界都有廣泛的製造，代表的則有義大利的羅賽克和阿斯堤。

氣泡酒的主要釀造方法

A 瓶內二次發酵（傳統方式）

在瓶內將第一次發酵後的靜態酒加入糖和酵母，封瓶後再進行第二次發酵。葡萄酒在瓶中會進行酒精發酵，然後產生二氧化碳。接著清除沉澱物，裝上軟木塞之後出貨上市。香檳以及西班牙的卡瓦即是利用這種方法所製造。

B 夏馬法

在酒槽裡倒入靜態酒，然後進行發酵的方法。用濾器除渣之後裝瓶，接著上市。在製造氣泡酒時若想要保留住葡萄品種本身的香氣，很常會使用夏馬法。

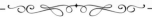

Column 8

試飲會是座寶山！
用相當划算的方法來得到寶貴的體驗

　　現在以大都市為主，都會有舉辦各種一般人也可以入場的大規模試飲會。種類繁多，同時還能喝喝看的試飲會，這對正在學葡萄酒的人來說簡直是座寶山。主題廣泛，世界各國的葡萄酒一應俱全的試飲會，不只有來自葡萄酒大國的葡萄酒，同時能試喝到平常在葡萄酒專賣店不太會賣的次級產區的葡萄酒。而且只要付入場費或參加費，不需要每次喝的時候再付一次酒錢，就能品嘗到非常多的葡萄酒。

　　如果有機會能夠去那樣的地方，請務必帶著主題再前往品酒。如果是漫無目的地去喝葡萄酒，那麼只會覺得混亂，甚至可能什麼也學不到。例如今天是以次級產區為主、以山吉歐維榭為主、或是只喝紐西蘭的葡萄酒等等，依照主題來蒐集所要的資訊。

　　此外，在地方型的都會區也常有酒館或葡萄酒專賣店所舉辦的試飲會，或者是餐廳所辦的葡萄酒會等。這種主要都是以回饋顧客為主要目的，因此很多只要以相當划算的價格就可以參加，有機會的話可以好好利用。

　　最後，在日本最常舉辦試飲會的，是一般社團法人日本侍酒師協會。在全國的分部都有許多的試飲會和品酒研討會，這些資訊在日本侍酒師協會的網頁也都能找得到。此外，雖然有一些只限日本侍酒師協會的會員才能參加，但是也有很多的活動是只要付了參加費，即使是一般人也都可以參加。由日本侍酒師協會所主辦的大會，不只是從日本，還會經常邀請世界頂級的侍酒師或生產者來擔任講師。一邊品酒，同時還可以聽到平常不太有機會聽到的東西，算是相當寶貴的體驗。

Part 7
盲飲測試的實踐

做為品酒的集大成，
讓我們來進行盲飲測試看看。

盲飲測試的方法

進行品評

初學者可以注意產地的南北方，反覆推敲和驗證。

透過Part1～6，你對品酒已經有信心了嗎？那麼接下來，就讓我們來挑戰在50頁的column所介紹的盲飲測試看看。這個經驗能增強我們的實力，並且能讓我們了解到品酒的困難。

不過，初學者在腦中的檔案資訊如果沒有累積足夠到一定的程度，那麼可能會完全無法答對，這樣一來既沒有意義，自己應該也會覺得無趣。因此，最好是將資訊累積之後才來挑戰看看。

如果是檔案資訊少的人來實踐盲飲測試，通常會以直線思考來導出結論。因此，照著Part1～4的步驟來**提出假設**，然後**反覆確認以進行品酒**是非常重要的。因為盲飲測試一開始並不會知道答案，所以必須要推敲許多的東西。在推想的時候，建議可以先將「**南北方**」放在腦海裡。不論是外觀、香氣、或是味道，只要先用南北方來看，應該就能慢慢縮小範圍。這樣一來，將可以避免推敲時「雜亂無章」，接著就會離答案越來越近。

有經驗的人會提出各種假設，然後確實地導出結論

如果已經到了中上級的程度，那麼在腦內的**各種資訊便會彼此連結**，例如，單一個生產者的資料夾當中，應該會有**法定產區**（Appellation）還有**年份**等大量的資訊在其中，也因此，提出假設的範圍會比初學者還要大的多。盲飲測試難的地方就在於必須要在多種的假設當中決定出最後唯一的結論。

舉例來說，如果是酸量中等，而酸味多少也帶著圓潤的葡萄酒，從南北方來看有可能是產區位於中間的葡萄酒，但也有可能是酸度高的地區所產的葡萄酒，又或者是透過乳酸發酵讓酸味變柔和的葡萄酒也說不定。這個比一開始就直接尋找答案，更可以先整合各項條件後才提出假設，然後接著再驗證各種的可能性。像這樣因為知道的東西夠多，可以徹底分析並反覆推敲，因此就能更仔細地進行判斷。另外，在熟悉之前，先讓我們將從190頁開始的流程圖放在旁邊，從假設到結論的整個流程，反覆持續地練習。

希望有一天能在盲飲測試時完全答對⋯⋯
為了實現這樣的夢想，讓我們努力練習吧！

盲飲測試的判斷範例

STEP 1

觀察顏色，提出香氣和味道的假設

首先是觀察顏色。以顏色淺帶著綠色，然後有光芒的葡萄酒為例，從南北方來看，我們可以假設是在涼爽的北方產地所釀造，可能會有柑橘系的香氣，或許是酸味強的葡萄酒。

STEP 2

觀察假設的香氣和實際氣味之間的差異

接著觀察香氣。此時回想一下淡色的白酒印象色盤（→p.64），然後和實際的香氣對照看看。例如，如果是柑橘系或是有植物的綠色感覺，那麼品種可能是白蘇維翁，也有可能是蜜斯卡岱或是甲州也說不定。不過，如果實際聞到的氣味和當初的假設有差距，那麼則回到STEP 1。

STEP 3

觀察假設和實際間的差異

最後品嘗葡萄酒的味道，並配合從STEP 1看到的外觀和從STEP 2所聞到香氣來比對是否符合當初的假設，看看彼此有沒有不同。例如，如果是酸味很強的葡萄酒，然後有黑醋栗新芽氣味的話，那麼該葡萄酒有可能是紐西蘭的白蘇維翁。

酸度

均衡感

結構

判斷 從STEP 1、2、3的資訊當中導出品種、產地。

假設如果不對？

和STEP 1、2、3的順序無關，反覆修正假設，之後再一次依照STEP 1、2、3的步驟觀察確認，然後重新進行判斷。

久保的葡萄酒趣聞　在盲飲測試時，如果想答案時太過於鑽牛角尖，反而可能會陷入死胡同！

進行品評

紅酒的品評流程圖

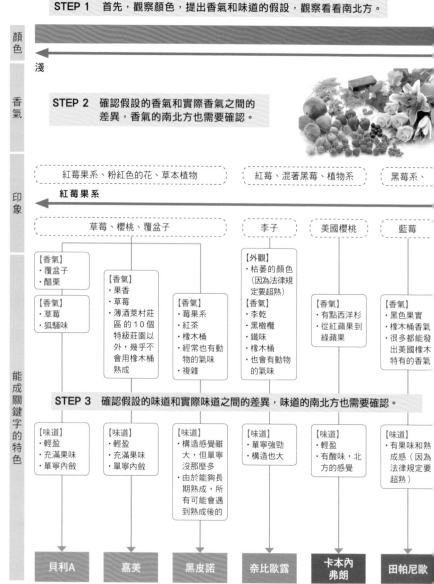

STEP 1 首先，觀察顏色，提出香氣和味道的假設，觀察看看南北方。

顏色

淺

香氣

STEP 2 確認假設的香氣和實際香氣之間的差異，香氣的南北方也需要確認。

印象

紅莓果系、粉紅色的花、草本植物　　　紅莓、混著黑莓、植物系　　　黑莓系、

紅莓果系

草莓、櫻桃、覆盆子　　　李子　　　美國櫻桃　　　藍莓

能成關鍵字的特色

【香氣】
・覆盆子
・醋栗

【香氣】
・草莓
・狐騷味

【香氣】
・果香
・草莓
・薄酒萊村莊區的10個特級莊園以外，幾乎不會用橡木桶熟成

【香氣】
・莓果系
・紅茶
・橡木桶
・經常也有動物的氣味
・複雜

【外觀】
・枯萎的顏色
（因為法律規定要超熟）

【香氣】
・李乾
・黑橄欖
・鐵味
・橡木桶
・也會有動物的氣味

【香氣】
・有點西洋杉
・從紅蘋果到綠蘋果

【香氣】
・黑色果實
・橡木桶香氣
・很多都能發出美國橡木特有的香氣

STEP 3 確認假設的味道和實際味道之間的差異，味道的南北方也需要確認。

【味道】
・輕盈
・充滿果味
・單寧內斂

【味道】
・輕盈
・充滿果味
・單寧內斂

【味道】
・構造感覺雖大，但單寧沒那麼多
・由於能夠長期熟成，所有可能會遇到熟成後的

【味道】
・單寧強勁
・構造也大

【味道】
・輕盈
・有酸味，北方的感覺

【味道】
・有果味和熟成感（因為法律規定要超熟）

貝利A　　　嘉美　　　黑皮諾　　　奈比歐露　　　卡本內弗朗　　　田帕尼歐

在觀察紅酒的品種時，
記得要隨時注意在42頁所介紹的南北方。

深 →

綠色的感覺 ┊ 黑莓系、香料、乾燥的感覺

黑莓果系 →

黑醋栗、黑櫻桃、黑莓

		【外觀】深邃	【外觀】深邃	【外觀】非常深邃	【外觀】深邃
【香氣】 ・藍色果實、藍色的花 ・雖然有香料的氣味，但黑胡椒的氣味比較少 ・有時也經常有動物的氣味	【香氣】 ・藍色果實 ・藍色的花和植物混合的感覺	【香氣】 ・黑莓果系 ・很多都有橡木桶的氣味	【香氣】 ・肉 ・內襯的皮革 ・野味 ・黑胡椒 ・很多都有橡木桶的氣味	【香氣】 ・濃厚的黑色果實 ・黑胡椒 ・尤加利 ・很多都有橡木桶的氣味	【香氣】 ・從藍到黑的莓果系 ・以前很多都能清楚地聞到西洋杉的氣味，但最近有不少生產者能巧妙地抑制這種氣味 ・很多都有橡木桶的氣味 ・複雜
【味道】 ・味道圓潤，雖然有綿密的單寧，但是相當柔順，很圓滑的感覺 ・味道相當充足	【味道】 ・味道圓潤，雖然有綿密的單寧，但是相當柔順，很圓滑的感覺 ・濃密的感覺	【味道】 ・味道圓潤，雖然有綿密的單寧，但是相當柔順，很圓滑的感覺 ・味道相當充足	【味道】 ・雖然有濃縮感，但是還不到像澳洲產的那樣。酸味也能確實地感覺到。	【味道】 ・濃厚、有力量、能感覺到像果醬那樣濃密	【味道】 ・大多是構造相當大的葡萄酒，單寧也非常多 ・不只是單寧的構造相當堅實，除了單寧以外，很多也能感覺到酒體十分豐滿 ・由於能夠長期熟成，所有可能會遇到熟成後的
格那希	**馬爾貝克**	**梅洛**	**希哈**	**希拉茲（澳洲）**	**卡本內蘇維翁**

進行品評

白酒的品評流程圖

STEP 1 首先，觀察顏色，提出香氣和味道的假設，觀察看看南北方。

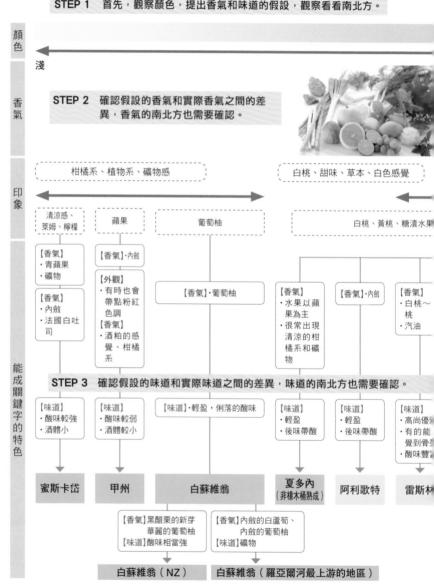

顏色

淺

香氣

STEP 2 確認假設的香氣和實際香氣之間的差異，香氣的南北方也需要確認。

印象

柑橘系、植物系、礦物感 ⟷ 白桃、甜味、草本、白色感覺

| 清涼感、萊姆、檸檬 | 蘋果 | 葡萄柚 | | 白桃、黃桃、糖漬水果 |

【香氣】
・青蘋果
・礦物

【香氣】
・內斂
・法國白吐司

【香氣】・內斂
【外觀】
・有時也會帶點粉紅色調
【香氣】
・酒粕的感覺、柑橘系

【香氣】・葡萄柚

【香氣】
・水果以蘋果為主
・很常出現清涼的柑橘系和礦物

【香氣】・內斂

【香氣】
・白桃～桃
・汽油

能成關鍵字的特色

STEP 3 確認假設的味道和實際味道之間的差異，味道的南北方也需要確認。

【味道】
・酸味較強
・酒體小

【味道】
・酸味較弱
・酒體較小

【味道】・輕盈，俐落的酸味

【味道】
・輕盈
・後味帶酸

【味道】
・輕盈
・後味帶酸

【味道】
・高尚優雅
・有的能覺到骨架
・酸味豐富

| 蜜斯卡岱 | 甲州 | 白蘇維翁 | 夏多內（非橡木桶熟成） | 阿利歌特 | 雷斯林 |

【香氣】黑醋栗的新芽
華麗的葡萄柚
【味道】酸味相當強

【香氣】內斂的白蘆筍、
內斂的葡萄柚
【味道】礦物

白蘇維翁（NZ） → 白蘇維翁（羅亞爾河最上游的地區）

192

品評白酒時，
記得要留意南北方。

深 →

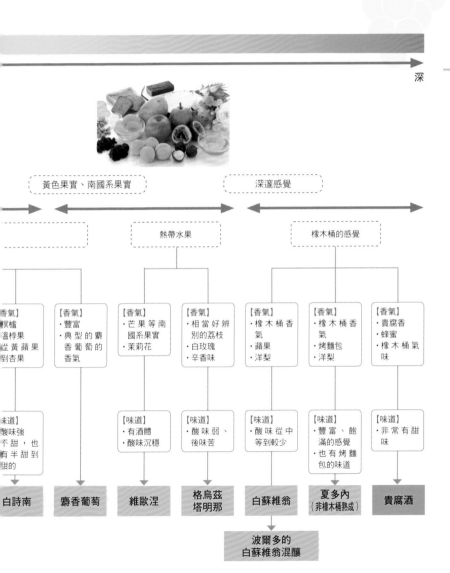

黃色果實、南國系果實　　　　深邃感覺

熱帶水果　　　　橡木桶的感覺

【香氣】 模櫨 溫桲果 從黃蘋果到杏果	【香氣】 ・豐富 ・典型的麝香葡萄的香氣	【香氣】 ・芒果等南國系果實 ・茉莉花	【香氣】 ・相當好辨別的荔枝 ・白玫瑰 ・辛香味	【香氣】 ・橡木桶香氣 ・蘋果 ・洋梨	【香氣】 ・橡木桶香氣 ・烤麵包 ・洋梨	【香氣】 ・貴腐香 ・蜂蜜 ・橡木桶氣味
【味道】 酸味強 不甜，也有半甜到甜的		【味道】 ・有酒體 ・酸味沉穩	【味道】 ・酸味弱、後味苦	【味道】 ・酸味從中等到較少	【味道】 ・豐富、飽滿的感覺 ・也有烤麵包的味道	【味道】 ・非常有甜味
白詩南	麝香葡萄	維歐涅	格烏茲塔明那	白蘇維翁	夏多內 （非橡木桶熟成）	貴腐酒

波爾多的
白蘇維翁混釀

用語Index（依照筆劃排列）

＊指的是除了Part 5。粗體字的頁數指的是有該用語說明的頁數。

協力廠商聯絡資訊

社名	URL	電話	ジャンル
アルク・インターナショナル・ジャパン株式会社	http://jp.arc-intl.com/	03-5774-2394	グラス
株式会社飯田	http://www.iidawine.com/	072-923-6244	ワイン
株式会社稲葉	http://www.inaba-wine.co.jp/	052-301-1441	画像
株式会社岩の原葡萄園	http://www.iwanohara.sgn.ne.jp/	025-528-4002	ワイン・画像
ヴィレッジ・セラーズ株式会社	http://www.village-cellars.co.jp/	0766-72-8680	ワイン
エノテカ株式会社	http://www.enoteca.co.jp/	03-3280-6258	画像
有限会社エル・カミーノ	http://www.il-calice.jp/	045-227-5373	画像
有限会社大浦葡萄酒	http://ourawine.com/	0238-43-2056	画像
CAVE D'OCCI WINERY	http://www.docci.com/	0256-77-2288	画像
木下インターナショナル株式会社	http://www.kinoshita-intl.co.jp/	03-3553-0721	ワイン
国分株式会社	http://liquors.kokubu.co.jp/	03-3276-4125	ワイン
サッポロビール株式会社	http://www.sapporobeer.jp/	0120-207800	ワイン・画像
佐野キャピタル・アンド・コモディティーズ株式会社	http://www.vinho.jp/	03-3652-1322	画像
サントリーワインインターナショナル株式会社	http://www.suntory.co.jp/wine/	0120-139-380	ワイン・画像
ジェロボーム株式会社	http://www.jeroboam.co.jp/	03-5786-3280	ワイン
シュピゲラウ・ジャパン	http://www.spiegelau.co.jp/	03-5775-5024	グラス
丹波ワイン株式会社	http://www.tambawine.co.jp/	0771-82-2003	画像
地中海フーズ株式会社	http://www.chichukaifoods.com/	03-6441-2522	撮影物
中央葡萄酒株式会社　グレイスワイン	http://www.grace-wine.com/	0553-44-1230	ワイン・画像
日本リカー株式会社	http://www.nlwine.com/	03-5643-9770	ワイン
ネットショップ　ビオクル	http://biocle.jp/	0120-770-250	画像
ピーロート・ジャパン株式会社	http://www.pieroth.jp/	03-3458-4455	画像
株式会社ファインズ	http://www.fwines.co.jp/	03-6732-8600	ワイン・画像撮影物
株式会社フィネス	http://www.finesse-wine.co.jp/	03-5777-1468	画像
葡萄畑ココス	http://www.rakuten.co.jp/co2s/	072-966-2263	画像
ブリストル・ジャポン株式会社	http://www.bristol-japon.co.jp/mx/	03-6303-8511	ワイン
ヘレンベルガー・ホーフ株式会社	http://tia-net.com/h-hof/	072-624-7540	ワイン・画像
メルシャン株式会社	http://www.kirin.co.jp/products/wine/	0120-676-757	画像
株式会社モトックス	http://mottox.co.jp/	0120-344101	画像
モンテ物産株式会社	http://www.montebussan.co.jp/	0120-348566	ワイン・画像
株式会社ラック・コーポレーション	http://www.luc-corp.co.jp/	03-3586-7501	ワイン
リーデル・ジャパン	http://www.riedel.co.jp/	03-5775-5888	グラス
ワイン・イン・スタイル株式会社	http://www.wineinstyle.co.jp/	03-5212-2271	ワイン

侍酒師・葡萄酒顧問・葡萄酒專家資格檢定測驗

第二階段測驗攻略技巧

一般社團法人日本侍酒師協會所舉辦的侍酒師・葡萄酒顧問・葡萄酒專家資格檢定測驗的第二階段測驗即是品酒。侍酒師、葡萄酒顧問的考題會有3種靜態葡萄酒和2種其他酒類；葡萄酒專家則是會有4種靜態葡萄酒和2種其他酒類。回答基本上是用圈選的方式，在印有用語選項的答案紙上作答。在此讓我們來介紹第二階段的作答技巧。（資料為2014年的資料）

1 不要因為粗心而失分！

用語選項有分紅酒和白酒，並以雙面印刷。在回答問題時，請注意該回答的顏色，不要搞錯了。

2 答案的個數要確實！

答案要選幾個會根據每個題目而有所不同，因此記得回答時不要超過所規定的答案數。如果超過，則該題以零分計算；相反地，答案不足也是以零分計算。因為選錯也不會倒扣分數，所以即使是憑直覺回答問題，也一定要確實地依規定的答案數來作答。

3 答案有一定的範圍

標準答案有一定的範圍。例如雖然顏色深淺的用語有5種階段，但實際上葡萄酒有無數的顏色深淺。即使是出題小組，也會有認為某葡萄酒實際的濃度是介於2.淺 和3.有點深 的中間的時候，因此通常不會要求要回答出最接近的答案，而是不論選擇哪一個都算對。這也就是為什麼標準答案通常會比規定的答案數還要多的原因。

4 選擇聽起來很好喝的用語！

標準答案的設定是以侍酒師為立場出題，希望能讓客人好好享受葡萄酒，因此，基本上答案通常會是聽起來會覺得很好喝的用語。

5 回答簡答題時，要注意自己的敘述

選擇題以外還會有需要回答酒款的題目。回答酒款時，可以用原文或是片假名來作答。如果拼錯原文則算答錯，因此記得要填寫正確。

6 葡萄酒的出題傾向為何？

用來出題的葡萄酒，其年份通常會比一般在市面上流通的葡萄酒還要再老一點，這是因為用來出題的都是在日本侍酒師協會的酒櫃裡經過熟成，狀態良好的葡萄酒之故。另一方面，超過10年以上的陳釀則不容易出現在考題裡，這有可能是因為在調度上有其困難以及雖然是在協會熟成但仍有其限度之故。

7 注意答題的時間分配

答題的時間分配也是要特別注意的部分。如果猶豫不決，則時間一下子就沒了。因此平常可以多加練習，讓自己能在7分鐘內回答完1個項目。

白酒　品酒用語解説

請依規定的答案數作答

※下記表格為品酒用語的選擇範例

答案數

外觀	項目	1	2	3	4
外觀	清澄度①	1 清澄	2 有點混濁	3 混濁	
	光芒②	1 水晶般的光芒	2 有光芒	3 感覺矇矓	
	色調③	1 帶綠色	2 檸檬黃	3 黃色	4 帶金黃色
		6 棕黃色	7 琥珀色	8 紅磚色	
	顏色深淺④	1 淺（接近無色）	2 淺	3 稍深	4 深
	黏稠度⑤	1 清爽	2 稍微輕爽	3 稍微黏稠	4 豐富
	外觀的感覺⑥	1 年輕	2 輕盈	3 濃厚	4 相當成熟
		6 有濃縮感	7 稍微有熟成	8 熟成	9 氧化熟成的
		11 完全氧化			

香氣		項目	1	2	3	4
香氣		豐富度⑦	1 收斂	2 能確實感覺到	3 強而有力	
	特徵	果實⑧	1 檸檬	2 葡萄柚	3 蘋果	4 洋梨
			6 桃子	7 杏果	8 鳳梨	9 哈密瓜
			11 香蕉	12 芒果	13 荔枝	
		花、植物⑨	1 胡桃	2 烤杏仁	3 榛果	4 金合歡
			6 桂花	7 菩提樹	8 白玫瑰	
		辛香料、芳香⑩	1 薄荷	2 茴芹	3 馬鞭草	4 煙草
			6 烤麵包	7 焦糖	8 燧石	9 貝殼
			11 香草	12 白胡椒	13 香菜	14 肉桂
		化學物質、醚⑪	1 汽油	2 硫磺	3 老酒	4 麝香
			6 碘	7 丁香	8 樹脂	
	香氣的感覺⑫		1 年輕的	2 沉穩（較內斂）	3 已甦醒	4 封閉
			6 展現出成熟度	7 已到氧化成熟的階段	8 氧化中	9 第一類香氣
			11 自然的	12 橡木桶風味	13 不健全	

味道	項目	1	2	3	4
味道	前味⑬	1 輕盈	2 稍微輕盈	3 稍微強烈	4 強烈
	甜味（飽含酒精的飽滿度）⑭	1 少	2 順口	3 豐富	4 有殘糖
	酸味⑮	1 銳利	2 爽快	3 滑順	4 柔和
		6 平順	7 柔軟	8 溫和	9 細緻
	苦味⑯	1 較少	2 沉穩	3 深邃	4 伴著圓潤
	均衡感⑰	1 纖細	2 活潑	3 乾澀	4 青澀
		6 順口	7 黏稠	8 有衝擊的	9 平淡
		11 豐富	12 有力量	13 骨架堅固	
	酒精⑱	1 少	2 較少	3 較多	4 飽滿
	餘韻⑲	1 短	2 較短	3 較長	4 長

項目	1	2	3	4
口感⑳	1 果味豐富	2 迷人的	3 新鮮的	4 濃郁的
	6 有礦物質的	7 有植物味的	8 辛香的	
評價㉑	1 能享受簡單、新鮮	2 成熟度高、豐富	3 味道濃縮、有力量	4 優雅、餘韻
	6 潛力高			
適飲溫度㉒	1 7度以下	2 8～10度	3 11～14度	4 15～18度
酒杯㉓	1 小口	2 中庸	3 大口	
採收年份㉔	1 2009	2 2010	3 2011	4 2012
生產國	1 法國	2 西班牙	3 義大利	4 日本
	6 美國			
主要葡萄品種	此資格檢定測驗是以選擇題的方式回答			
酒款名稱	請在品酒解答用紙的回答欄內以片假名或原文回答。 字拼錯不予計分。			

① 清澄度

幾乎都是選 1.清澄。如果不能很確定是否相當混濁，那就選 1。

② 光芒

基本上選 2.有光芒。如果是閃閃發亮的話，則選 1.水晶般的光芒。

③ 色調

基本上選 1.帶綠色或是 2.檸檬黃，如果黃色感覺比較深，則選 3.黃色。如果是金黃色調，則選 4.帶金黃色。此外，幾乎不會選到 7.琥珀色和 8.紅磚色。

④ 顏色深淺

雖然實際上是要看酒杯的顏色深淺來判斷，但主要會出現的是 2.淺，偶爾也可能是 1.淺（接近無色）和 3.稍深。

⑤ 黏稠度

看酒腿所呈現的樣子和表面的厚度來判斷。有時候因為酒杯清洗後會有油份殘留，因而形成酒腿，所以可以再觀察看看含著酒的時候是否感覺黏稠，即使這時後再修正答案也沒關係。

⑥ 外觀的感覺

完全就是看外觀給的感覺。如果顏色淡薄而感覺綠色較多，則選 1.年輕和 2.輕盈。如果感覺滿黏稠的，則選 3.濃厚。4和5指的是果實的成熟度，而不是葡萄酒的熟成度。此外，幾乎不會選到 10和11。

⑦ 豐富度

基本上選 2.能確實感覺到。如果幾乎感覺不到香氣，那麼可以選 1.收斂。

⑧ 果實

經常選的是 3.蘋果、 4.洋梨、 2.葡萄柚。8.鳳梨在標準答案中幾乎不曾出現過，在之後的測驗中或許可能會從用語的選擇當中刪除。13.荔枝 是固定用來形容格烏茲塔明那，如果只有感覺到一點點，那麼則不要選。

⑨ 花、植物

較常會選到 4.金合歡 5.忍冬。金合歡給人感覺是含有花蜜的白色花卉，忍冬則單純只是甘甜的香氣。

⑩ 辛香料、芳香

可能的範圍較廣，因而難以集中在某些選項。9.貝殼和 10.石灰 出現的頻率會高一點。

⑪ 化學物質、醚

可能的範圍較廣，因而難以集中在某些選項。或許是因為有添加二氧化硫的關係，所以出現 2.硫磺 的頻率會比較高一點。

⑫ 香氣的感覺

以結論來說，經常選的是 1.年輕的。雖然5.還原狀態 對初學者來說是比較難的用語，但是因為指的是氧化的逆反應，因此也會滿常出現的。8.氧化中 和 13.不健全 則幾乎不會選到。

⑬ 前味

從 1.輕盈 到 4.強烈 都有可能會選到。或許是因為在考試會場不容易出現偉大的葡萄酒，因此 5.有衝擊的 幾乎不曾出現過。

⑭ 甜味（飽含酒精的飽滿度）

葡萄酒的甜味不只有殘糖，一定也會有來自酒精和甘油的甜味。不要受酸味的影響，正確地掌握甜味的來源以作為選擇。

⑮ 酸味

酸味基本上是參考本協會的參考書，依照石田博氏對酸的量與質的介紹為基礎所排列而成。9.細緻 是在2013一般資格測驗中出現的新用語，比較常會選到。

⑯ 苦味

先不論量的多寡，葡萄酒一定會出現苦味。幾乎不會選到 5.強勁（感覺突出）。

⑰ 均衡感

可能的範圍較廣，因而難以集中在某些選項，但可以找看看最適合表現該葡萄酒的句子。幾乎不會選到 4.青澀，而 8.有衝擊的和 9.平淡 則是經常出現。

⑱ 酒精

酒精如果超過14度則經常會用 5.能感到灼熱來表示，但在最近的白酒測驗中則不曾出現在標準答案裡。

⑲ 餘韻

雖然主要會選 2.較短和 3.較長，但是 1.短也可能會出現。

⑳ 口感

出現 1.果味豐富、3.新鮮的、5.有花香味的、6.有礦物味的 的頻率比較高，幾乎不會選到 7.有植物味的。

㉑ 評價

找找看最適合表現該葡萄酒的句子。如果是複雜的葡萄酒，則也可能答案會有好幾個。如果是口味簡單的葡萄酒，則會選 1.能享受簡單、新鮮。

㉒ 適飲溫度

根據出題的葡萄酒，每年都會有些微的調整。

㉓ 酒杯

以 2.中庸 為主。也有可能會選 1.小口和 3.大口。

㉔ 採收年份

關於採收年份，因為很多是在日本侍酒師協會的酒櫃裡熟成後才拿來當考題的，因此很多會比一般市面上的葡萄酒還要更加熟成，這點要特別注意。

紅酒　品酒用語解説

※下記表格為品酒用語的選擇範例

請依規定的答案數作答

答案數

外觀			1	清澄	2	有點混濁	3	混濁	4	有深度
	清澄度①		1	清澄	2	有點混濁	3	混濁	4	有深度
	光芒②		1	有光芒	2	稍弱	3	感覺帶霧		
	色調③		1	帶紫色	2	亮紅色	3	帶黑色	4	帶橙色
			6	紅磚色	7	茶褐色				
	顏色深淺④		1	淺（接近無色）	2	明亮	3	稍深	4	深
	黏稠度⑤		1	清爽	2	稍微輕爽	3	稍微黏稠	4	豐富
	外觀的感覺⑥		1	年輕	2	輕盈	3	濃厚	4	相當成熟
			6	有濃縮感	7	稍微有熟成	8	熟成	9	氧化熟成的感覺
			11	完全氧化						

香氣										
	豐富度⑦		1	收斂	2	能確實感覺到	3	強而有力		
	特徵	果實⑧	1	草莓	2	覆盆子	3	醋栗	4	藍莓
			6	黑莓	7	黑櫻桃	8	李乾	9	無花果乾
		花、植物⑨	1	紅椒	2	薄荷腦	3	羊齒草	4	玫瑰
			6	牡丹	7	天竺葵	8	月桂葉	9	杉樹
			11	紅茶						
		辛香料、芳香⑩	1	乾燥花草	2	煙草	3	覃類	4	枯葉土
			6	枯葉	7	血液	8	肉	9	皮革
			11	蔬菜燉肉	12	野味	13	咖啡	14	香草
			16	丁香	17	肉桂	18	黑胡椒	19	檀香木
			21	巧克力	22	可可粉	23	碘			
		化學物質、醚⑪	1	樹脂	2	硫磺	3	老酒	4	肉豆蔻
	香氣的感覺⑫		1	年輕的	2	沉穩（較內斂）	3	已甦醒	4	封閉
			6	展現出成熟度	7	已到氧化成熟的階段	8	氧化中	9	第一類香氣強
			11	自然的	12	橡木桶風味	13	不健全			

味道										
	前味⑬		1	輕盈	2	稍微輕盈	3	稍微強烈	4	強烈
	甜味（飽含酒精的飽滿度）⑭		1	少	2	順口	3	豐富	4	有殘糖
	酸味⑮		1	銳利	2	爽快	3	明顯	4	滑順
			6	圓潤	7	柔軟	8	溫和		
	單寧⑯		1	刺一般的	2	粗糙的	3	粗的	4	強而有力
			6	細緻	7	細緻緊密	8	沙沙的	9	柔和
	均衡感⑰		1	俐落	2	有骨架	3	堅實	4	瘦、乾渴的
			6	肥碩	7	強而有力的	8	骨架堅固	9	柔和
			11	流暢	12	順口	13	均衡感很好			
	酒精⑱		1	少	2	較少	3	較多	4	能感到灼熱
	餘韻⑲		1	短	2	較短	3	較長	4	長

口感⑳	1	果味豐富	2	迷人的	3	新鮮的	4	濃郁的
	6	有礦物味的	7	有植物味的	8	辛香的	9	複雜的
評價㉑	1	能享受簡單、新鮮	2	成熟度高、豐富	3	味道濃縮、有力量	4	優雅、餘韻悠
	6	潛力高						
適飲溫度㉒	1	7度以下	2	8～10度	3	11～13度	4	14～16度
酒杯㉓	1	小口	2	中庸	3	大口		
換瓶醒酒㉔	1	不需要	2	飲用前	3	事前（30～60分鐘前）		
採收年份㉕	1	2008	2	2009	3	2010	4	2011
生產國	1	法國	2	西班牙	3	義大利	4	日本
	6	美國						
主要葡萄品種	此資格檢定測驗是以選擇題的方式回答							
酒款名稱	請在品酒解答用紙的回答欄內以片假名或原文回答。							
	字拼錯不予計分。							

左邊欄位（部分被裁切）：

農紅色

非常深
濃稠
熟度高
已經開始氧化

黑醋栗

北菫菜
葉樹

腐土
露
燻肉
松子

草
原狀態
二類香氣強烈

衝擊的

細緻

勁（感覺突出）
綢般的
潤的
服

等程度

花香味的

長期熟成型

7度～20度

012
洲

---

① 清澄度
幾乎都是選 1.清澄。雖然不是清澄，但也不會感覺不協調，那就選 4.有深度。

② 光芒
基本上選 1.有光芒。如果覺得不是很確定有光芒，那就則選 2.稍弱。

③ 色調
2.亮紅色是明亮，5.深紅色 是帶著陰暗的色調。6.紅磚色、7.茶褐色 不太容易出現在考題。

④ 顏色深淺
雖然實際上是要看酒杯的顏色深淺來判斷，但主要會出現的是 2.明亮 和 3.稍深，幾乎不會出現 1.淺（接近無色）。

⑤ 黏稠度
看酒腿所呈現的樣子和表面的厚度來判斷。根據酒腿的狀況，有時也會因為油份殘留因而形成酒腿，所以可以再觀察看看含著酒的時候是否感覺黏稠，即使這時後再修正答案也沒關係。

⑥ 外觀的感覺
完全就是看外觀給的感覺。以結論來說，最常選 1.年輕。4.相當成熟 和 5.成熟度高 指的是果實的成熟度，而不是葡萄酒的熟成度，其中又以 4.相當成熟 出現的頻率會比較高。此外，幾乎不會選到 10.已經開始氧化 和 11.完全氧化。

⑦ 豐富度
基本上選 2.能確實感覺到。如果幾乎感覺不到香氣，那麼可以選 1.收斂。

⑧ 果實
如果對香氣的感覺沒有把握的時候，可以觀察葡萄酒的顏色然後和莓果的顏色比對看看。經常會出現 2.覆盆子 和 4.藍莓。

⑨ 花、植物
最好能努力地找出花的香氣。另外，也要注意花和植物裡面有紅茶這一選項，如果是黑皮諾，則一定要選它。

⑩ 辛香料、芳香
可能的範圍較廣，因而難以集中在某些選項，找找看最適合表現葡萄酒的句子。

⑪ 化學物質、醚
可能的範圍較廣，因而難以集中在某些選項。有時也會出現選項為0的情形。

⑫ 香氣的感覺
經常會選 2.沉穩（較內斂）和 3.已甦醒。關於橡木桶風味，應該多練習以讓自己可以判斷出有沒有橡木桶的香氣。紅酒和橡木桶的契合性會比較高（嘉美除外），因此使用橡木桶的情形比較多，所以從結論來說，經常會選到這個選項。此外，幾乎不會選到 8.氧化中 和 13.不健全。

---

⑬ 前味
2.稍微輕盈、3.稍微強烈、4.強烈 都有可能會選到。或許是因為在考試會場不容易出現偉大的葡萄酒，因此 5.有衝擊的 幾乎不曾出現過。

⑭ 甜味（飽含酒精的飽滿度）
因為紅酒會有殘糖的情形不多，所以從結論來說，幾乎不會選到 4.有殘糖。

⑮ 酸味
酸味基本上是參考本協會的參考書，依照石田博氏對酸的量與質的介紹為基礎所排列而成。3.明顯 和 5.細緻 是在2013一般資格測驗中出現的新用語，比較常會選到。

⑯ 單寧
先不論量的多寡，紅酒一定會出現單寧。此外，要特別注意也有可能會出現 2.粗糙的 和 3.粗的。

⑰ 均衡感
可能的範圍較廣，因而難以集中在某些選項，但可以找找看最適合表現該葡萄酒的句子。幾乎不會選到 7.瘦、乾渴的 和 11.流暢 會使用在熟成的類型且喝起來會覺得相當順口的時候。

⑱ 酒精
酒精如果超過14度則經常會用 4.能感到灼熱來表示，但在最近的紅酒測驗中則不曾出現在標準答案裡。

⑲ 餘韻
主要會選 3.較長，幾乎不會選到 1.短。

⑳ 口感
出現 1.果味豐富、4.濃郁的、5.有花香味的的頻率比較高，選項當中也有 6.有礦物味的，所以記得也要觀察看看有沒有礦物味。

㉑ 評價
找找看最適合表現該葡萄酒的句子。如果是複雜的葡萄酒，則答案也可能會有好幾個。如果是口味簡單的葡萄酒，則會選 1.能享受簡單、新鮮。

㉒ 適飲溫度
根據出題的葡萄酒，每年都會有些微的調整。

㉓ 酒杯
以 2.中庸 和 3.大口為主。

㉔ 換瓶醒酒
換瓶醒酒對侍酒師來說是很大的表現機會，用一般印象中的實行方法來回答。

㉕ 採收年份
關於採收年份，因為很多是在日本侍酒師協會的酒櫃裡熟成後才拿來當考題的，所以很多會比一般市面上的葡萄酒還更加熟成，這點要特別注意。

白酒 夏多內（有橡木桶）的解答例

答案數 ※因為解答有其範圍，所以上了色的解答會比答案數

外觀		答案數									
	清澄度	1	1	清澄	2	有點混濁	3	混濁			
	光芒	1	1	水晶般的光芒	2	有光芒	3	感覺曚曨			
	色調	1	1	帶綠色	2	檸檬黃	3	黃色	4	帶金黃色	5	金黃色
			6	棕黃色	7	琥珀色	8	紅磚色			
	顏色深淺	1	1	淺（接近無色）	2	淺	3	稍深	4	深	5	非常深
	黏稠度	1	1	清爽	2	稍微輕爽	3	稍微黏稠	4	豐富	5	黏稠
	外觀的感覺	2	1	年輕	2	輕盈	3	濃厚	4	相當成熟	5	成熟度高
			6	有濃縮感	7	稍微有熟成	8	熟成	9	氧化熟成的感覺	10	已經開始氧
			11	完全氧化							

香氣			答案數									
	豐富度		1	1	收斂	2	能確實感覺到	3	強而有力			
	特徵	果實	2	1	檸檬	2	葡萄柚	3	蘋果	4	洋梨	5	榲桲
				6	桃子	7	杏果	8	鳳梨	9	哈密瓜	10	百香果
				11	香蕉	12	芒果	13	荔枝			
		花、植物	2	1	胡桃	2	烤杏仁	3	榛果	4	金合歡	5	忍冬
				6	桂花	7	菩提樹	8	白玫瑰			
		辛香料、芳香	2	1	薄荷	2	茴芹	3	馬鞭草	4	煙草	5	法國白吐司
				6	烤麵包	7	焦糖	8	燧石	9	貝殼	10	石灰
				11	香草	12	白胡椒	13	香菜	14	肉桂	15	蜂蜜
		化學物質、醚	2	1	汽油	2	硫磺	3	老酒	4	麝香	5	奶油
				6	碘	7	丁香	8	樹脂			
	香氣的感覺		2	1	年輕的	2	沉穩（較內斂）	3	已甦醒	4	封閉	5	還原狀態
				6	展現出成熟度	7	已到氧化成熟的階段	8	氧化中	9	第一類香氣強烈	10	第二類香氣
				11	自然的	12	橡木桶風味	13	不健全			

味道			答案數									
	前味		1	1	輕盈	2	稍微輕盈	3	稍微強烈	4	強烈	5	有衝擊的
	甜味（飽含酒精的飽滿度）		1	1	少	2	順口	3	豐富	4	有殘糖		
	酸味		1	1	銳利	2	爽快	3	滑順	4	柔和	5	圓潤
				6	平順	7	柔軟	8	溫和	9	細緻		
	苦味		1	1	較少	2	沉穩	3	深邃	4	伴著圓潤	5	強勁（感覺突
	均衡感		2	1	纖細	2	活潑	3	乾澀	4	青澀	5	肥厚
				6	順口	7	黏稠	8	有衝擊的	9	平淡	10	豐滿
				11	豐富	12	有力量	13	骨架堅固			
	酒精		1	1	少	2	較少	3	較多	4	飽滿	5	能感到灼熱
	餘韻		1	1	短	2	較短	3	較長	4	長		

口感	1	1	豐滿的	2	迷人的	3	新鮮的	4	濃郁的	5	有花香味的
		6	有礦物味的	7	有植物味的	8	辛香的				
評價	1	1	能享受簡單、新鮮	2	成熟度高、豐富	3	味道濃縮、有力量	4	優雅、餘韻悠長	5	長期熟成
		6	潛力高							
適飲溫度	1	1	7度以下	2	8～10度	3	11～14度	4	15～18度	5	19度以上
酒杯	1	1	小口	2	中庸	3	大口				
採收年份	1	1	2009	2	2010	3	2011	4	2012	5	2013
生產國	1	1	法國	2	西班牙	3	義大利	4	日本	5	澳洲
		6	美國							
主要葡萄品種		此資格檢定測驗是以選擇題的方式回答					Chardonnay			
酒款名稱		請在品酒解答用紙的回答欄內以片假名或原文回答。字拼錯不予計分。					Pouilly Fuissé			

重點

● 夏多內有分橡木桶熟成和非橡木桶熟成，可以把這兩者當成不同的類型。
● 前味會稍微感覺到黏稠。
● 因為有使用橡木桶，所以當然會有從橡木桶的香氣所帶來的複雜度。
● 顏色較深，通常會帶著金黃色。
● 夏多內在全世界都有栽種，所以酸味會因栽種地區而異，但是南方的生產通常會讓夏多內的味道更豐富，因此使用橡木桶的情形較多。

夏多內（非橡木桶）的解答例

答案數　　　　　　　　　　　　　　　　　　　　　　　　　　　※因為解答有其範圍，所以上了色的解答會比答案數多。

	答案數					
清澄度	1	1 清澄	2 有點混濁	3 混濁		
光芒	1	1 水晶般的光芒	2 有光芒	3 感覺朦朧		
色調	1	1 帶綠色	2 檸檬黃	3 黃色	4 帶金黃色	5 金黃色
		6 棕黃色	7 琥珀色	8 紅磚色		
顏色深淺	1	1 淺（接近無色）	2 淺	3 稍深	4 深	5 非常深
黏稠度	1	1 清爽	2 稍微輕爽	3 稍微黏稠	4 豐富	5 黏稠
外觀的感覺	2	1 年輕	2 輕盈	3 濃厚	4 相當成熟	5 成熟度高
		6 有濃縮感	7 稍微有熟成	8 熟成	9 氧化熟成的感覺	10 已經開始氧化
		11 完全氧化				

	答案數					
豐富度	1	1 收斂	2 能確實感覺到	3 強而有力		
特徵　果實	2	1 檸檬	2 葡萄柚	3 蘋果	4 洋梨	5 榲桲
		6 桃子	7 杏果	8 鳳梨	9 哈密瓜	10 百香果
		11 香蕉	12 芒果	13 荔枝		
花、植物	1	1 胡桃	2 烤杏仁	3 榛果	4 金合歡	5 忍冬
		6 桂花	7 菩提樹	8 白玫瑰		
辛香料、芳香	2	1 薄荷	2 茴芹	3 馬鞭草	4 煙草	5 法國白吐司
		6 烤麵包	7 焦糖	8 燧石	9 貝殼	10 石灰
		11 香草	12 白胡椒	13 香菜	14 肉桂	15 蜂蜜
化學物質、醚	1	1 汽油	2 硫磺	3 老酒	4 麝香	5 奶油
		6 碘	7 丁香	8 樹脂		
香氣的感覺	2	1 年輕的	2 沉穩（較內斂）	3 已甦醒	4 封閉	5 還原狀態
		6 展現出成熟度	7 已到氧化成熟的階段	8 氧化中	9 第一類香氣強烈	10 第二類香氣強烈
		11 自然的	12 橡木桶風味	13 不健全		

	答案數					
前味	1	1 輕盈	2 稍微輕盈	3 稍微強烈	4 強烈	5 有衝擊的
甜味（飽含酒精的飽滿度）	1	1 少	2 順口	3 豐富	4 有殘糖	
酸味	1	1 銳利	2 爽快	3 滑順	4 柔和	5 圓潤
		6 平順	7 柔軟	8 溫和	9 細緻	
苦味	1	1 較少	2 沉穩	3 深邃	4 伴著圓潤	5 強勁（感覺突出）
均衡感	2	1 纖細	2 活潑	3 乾澀	4 青澀	5 肥厚
		6 順口	7 黏稠	8 有衝擊的	9 平淡	10 豐滿
		11 豐富	12 有力量	13 骨架堅固		
酒精	1	1 少	2 較少	3 較多	4 飽滿	5 能感到灼熱
餘韻	1	1 短	2 較短	3 較長	4 長	

	答案數					
感	1	1 豐滿的	2 迷人的	3 新鮮的	4 濃郁的	5 有花香味的
		6 有礦物味的	7 有植物味的	8 辛香的		
質	1	1 能享受簡單、新鮮	2 成熟度高、豐富	3 味道濃縮、有力量	4 優雅、餘韻悠長	5 長期熟成型
	1	6 潛力高				
飲溫度	1	1 7度以下	2 8～10度	3 11～14度	4 15～18度	5 19度以上
杯	1	1 小口	2 中庸	3 大口		
收年份	1	1 2009	2 2010	3 2011	4 2012	5 2013
產國	1	1 法國	2 西班牙	3 義大利	4 日本	5 澳洲
		6 美國				
要葡萄品種		此資格檢定測驗是以選擇題的方式回答		Chardonnay		
款名稱		請在品酒解答用紙的回答欄內以片假名或原文回答。字拼錯不予計分。		Chablis		

重點

- 夏多內有分橡木桶熟成和非橡木桶熟成，可以把這兩者當成不同的類型。
- 前味感覺乾爽的情形較多。
- 香氣較少的情形較多，不容易觀察；也滿多只有青蘋果般的香氣和礦物味，品種不容易判斷。

白酒　白蘇維翁的解答例

答案數　　　　　　　　　　　　　　　　　　　　　　　　　　　　※因為解答有其範圍，所以上了色的解答會比答案數多

西班牙（外觀）

項目	答案數	1	2	3	4	5
清澄度	1	1 清澄	2 有點混濁	3 混濁		
光芒	1	1 水晶般的光芒	2 有光澤	3 感覺矇矓		
色調	1	1 帶綠色	2 檸檬黃	3 黃色	4 帶金黃色	5 金黃色
		6 棕黃色	7 琥珀色	8 紅磚色		
顏色深淺	1	1 淺（接近無色）	2 淺	3 稍深	4 深	5 非常深
黏稠度	1	1 清爽	2 稍微輕爽	3 稍微黏稠	4 豐富	5 黏稠
外觀的感覺	2	1 年輕	2 輕盈	3 濃厚	4 相當成熟	5 成熟度高
		6 有濃縮感	7 稍微有熟成	8 熟成	9 氧化熟成的感覺	10 已經開始氧...
		11 完全氧化				

香氣

項目		答案數	1	2	3	4	5
豐富度		1	1 收斂	2 能確實感覺到	3 強而有力		
特徵	果實	2	1 檸檬	2 葡萄柚	3 蘋果	4 洋梨	5 榲桲
			6 桃子	7 杏果	8 鳳梨	9 哈密瓜	10 百香果
			11 香蕉	12 芒果	13 荔枝		
	花、植物	2	1 胡桃	2 烤杏仁	3 榛果	4 金合歡	5 忍冬
			6 桂花	7 菩提樹	8 白玫瑰		
	辛香料、芳香	1	1 薄荷	2 茴香	3 馬鞭草	4 煙草	5 法國白吐司
			6 烤麵包	7 焦糖	8 燧石	9 貝殼	10 石灰
			11 香草	12 白胡椒	13 香菜	14 肉桂	15 蜂蜜
	化學物質、醚	1	1 汽油	2 硫磺	3 老酒	4 麝香	5 奶油
			6 碘	7 丁香	8 樹脂		
香氣的感覺		2	1 年輕的	2 沉穩（較內斂）	3 已甦醒	4 封閉	5 還原狀態
			6 展現出成熟度	7 已到氧化成熟的階段	8 氧化中	9 第一類香氣強烈	10 第二類香氣強
			11 自然的	12 橡木桶風味	13 不健全		

味道

項目	答案數	1	2	3	4	5
前味	1	1 輕盈	2 稍微輕盈	3 稍微強烈	4 強烈	5 有衝擊的
甜味（飽含酒精的飽滿度）	1	1 少	2 順口	3 豐富	4 有殘糖	
酸味	1	1 銳利	2 爽快	3 滑順	4 柔和	5 圓潤
		6 平順	7 柔軟	8 溫和	9 細緻	
苦味	1	1 較少	2 沉穩	3 深邃	4 伴著圓潤	5 強勁（感覺突
均衡感	2	1 纖細	2 活潑	3 乾澀	4 青澀	5 肥厚
		6 順口	7 黏稠	8 有衝擊的	9 平淡	10 豐滿
		11 豐富	12 有力量	13 骨架堅固		
酒精	1	1 少	2 較少	3 較多	4 飽滿	5 能感到灼熱
餘韻	1	1 短	2 較短	3 較長	4 長	

項目	答案數	1	2	3	4	5
口感	2	1 果味豐富	2 迷人的	3 新鮮的	4 濃郁的	5 有花香味的
		6 有礦物味的	7 有植物味的	8 辛香的		
評價	1	1 能享受簡單、新鮮	2 成熟度高、豐富	3 味道濃縮、有力量	4 優雅、餘韻悠長	5 長期熟成
		6 潛力高				
適飲溫度	1	1 7度以下	2 8～10度	3 11～14度	4 15～18度	5 19度以上
酒杯	1	1 小口	2 中庸	3 大口		
採收年份	1	1 2008	2 2009	3 2010	4 2011	5 2012
生產國	1	1 法國	2 西班牙	3 義大利	4 日本	5 澳洲
		6 美國	7 紐西蘭			
主要葡萄品種	此資格檢定測驗是以選擇題的方式回答				Sauvignon Blanc	
酒款名稱	請在品酒解答用紙的回答欄內以片假名或原文回答。字拼錯不予計分。				Marlborough Sauvignon Blanc	

重點

- 品種本身的香氣強，是屬於容易觀察的品種。
- 特別是紐西蘭馬爾堡所產的白蘇維翁會出現像是「黑醋栗新芽」那樣青草般的香氣，此為主要特徵。
- 另一方面，在原生地羅亞爾河上流的松塞爾等地方，釀造師在種植時會使用一些方法抑制它的青草味，因此不容易和其他品種做區分。
- 松塞爾、普依芙美等區域的白蘇維翁雖然和夏布利的感覺相去不遠，但因為品種不同，只要仔細觀察應該能判別出來。

	答案數								※因為解答有其範圍，所以上了色的解答會比答案數多。	

清澄度	1	1	清澄	2	有點混濁	3	混濁				
光芒	1	1	水晶般的光芒	2	有光芒	3	感覺矇矓				
色調	1	1	帶綠色	2	檸檬黃	3	黃色	4	帶金黃色	5	金黃色
		6	棕黃色	7	琥珀色	8	紅磚色				
顏色深淺	1	1	淺（接近無色）	2	淺	3	稍深	4	深	5	非常深
黏稠度	1	1	清爽	2	稍微黏爽	3	稍微黏稠	4	豐富	5	黏稠
外觀的感覺	2	1	年輕	2	輕盈	3	濃厚	4	相當成熟	5	成熟度高
		6	有濃縮感	7	稍微有成熟	8	熟成	9	氧化熟成的感覺	10	已經開始氧化
		11	完全氧化								

豐富度		1	1	收斂	2	能確實感覺到	3	強而有力				
特徵	果實	2	1	檸檬	2	葡萄柚	3	蘋果	4	洋梨	5	榅桲
			6	桃子	7	杏果	8	鳳梨	9	哈密瓜	10	百香果
			11	香蕉	12	芒果	13	荔枝				
	花、植物	2	1	胡桃	2	烤杏仁	3	榛果	4	金合歡	5	忍冬
			6	桂花	7	菩提樹	8	白玫瑰				
	辛香料、芳香	1	1	薄荷	2	茴芹	3	馬鞭草	4	煙草	5	法國白吐司
			6	烤麵包	7	焦糖	8	燧石	9	貝殼	10	石灰
			11	香草	12	白胡椒	13	香菜	14	肉桂	15	蜂蜜
	化學物質、醚	1	1	汽油	2	硫磺	3	老酒	4	麝香	5	奶油
			6	碘	7	丁香	8	樹脂				
香氣的感覺		2	1	年輕的	2	沉穩（較內斂）	3	已甦醒	4	封閉	5	還原狀態
			6	展現出成熟度	7	已到氧化成熟的階段	8	氧化中	9	第一類香氣強烈	10	第二類香氣強烈
			11	自然的	12	橡木桶風味	13	不健全				

前味	1	1	輕盈	2	稍微輕盈	3	稍微強烈	4	強烈	5	有衝擊的
甜味（飽含酒精的飽滿度）	1	1	少	2	順口	3	豐富	4	有殘糖		
酸味	1	1	銳利	2	爽快	3	滑順	4	柔和	5	圓潤
		6	平順	7	柔軟	8	溫和	9	細緻		
苦味	1	1	較少	2	沉穩	3	深遠	4	伴著圓潤	5	強烈（感覺突出）
均衡感	2	1	纖細	2	活潑	3	乾澀	4	青澀	5	肥厚
		6	順口	7	黏稠	8	有衝擊的	9	平淡	10	豐滿
		11	豐富	12	有力量	13	骨架堅固				
酒精	1	1	少	2	較少	3	較多	4	飽滿	5	能感到灼熱
餘韻	1	1	短	2	較短	3	較長	4	長		

感	1	1	果味豐富	2	迷人的	3	新鮮的	4	濃郁的	5	有花香味的
		6	有礦物味的	7	有植物味的	8	辛香的				
價	1	1	能享受簡單、新鮮	2	成熟度高、豐富	3	味道濃縮、有力量	4	優雅、餘韻悠長	5	長期熟成型
		6	潛力高								
飲溫度	1	1	7度以下	2	8～10度	3	11～14度	4	15～18度	5	19度以上
杯	1	1	小口	2	中庸	3	大口				
收年份	1	1	2009	2	2010	3	2011	4	2012	5	2013
產國	1	1	法國	2	西班牙	3	義大利	4	日本	5	澳洲
		6	美國								

要葡萄品種	此資格檢定測驗是以選擇題的方式回答	Riesling
款名稱	請在品酒解答用紙的回答欄內以片假名或原文回答。 字拼錯不予計分。	South Australia Clare Valley Riesling

重點

- 品種本身有兩種香氣類型，一種是汽油，另一種是白桃或黃桃的香氣。雖然是比較容易觀察的品種，但是並非一定會出現這些香氣。
- 汽油味是熟成後的摩澤爾等會出現的香氣。目前，最典型會出現的是澳洲的雷斯林。
- 因為白桃或黃桃的香氣不是只有雷斯林才有，所以有白桃和黃桃的氣味並不等於就是雷斯林。

白酒 格烏茲塔明那的解答例

答案數　　　　　　　　　　　　　　　　　　　　　　　　　　　※因為解答有其範圍，所以上了色的解答會比答案數多

外觀	清澄度	1	1	清澄	2	有點混濁	3	混濁			
	光芒	1	1	水晶般的光芒	2	有光芒	3	感覺朦朧			
	色調	1	1	帶綠色	2	檸檬黃	3	黃色	4	帶金黃色	5	金黃色
			6	棕黃色	7	琥珀色	8	紅磚色			
	顏色深淺	1	1	淺（接近無色）	2	淺	3	稍深	4	深	5	非常深
	黏稠度	1	1	清爽	2	稍微輕爽	3	稍微黏稠	4	豐富	5	黏稠
	外觀的感覺	2	1	年輕	2	輕盈	3	濃厚	4	相當成熟	5	成熟度高
			6	有濃縮感	7	稍微有熟成	8	熟成	9	氧化熟成的感覺	10	已經開始氧
			11	完全氧化							

香氣	豐富度	1	1	收斂	2	能確實感覺到	3	強而有力			
	特徵 果實	2	1	檸檬	2	葡萄柚	3	蘋果	4	洋梨	5	榲桲
			6	桃子	7	杏果	8	鳳梨	9	哈密瓜	10	百香果
			11	香蕉	12	芒果	13	荔枝			
	花、植物	2	1	胡桃	2	烤杏仁	3	榛果	4	金合歡	5	忍冬
			6	桂花	7	白玫瑰					
	辛香料、芳香	2	1	薄荷	2	茴芹	3	馬鞭草	4	煙草	5	法國白吐司
			6	烤麵包	7	焦糖	8	燧石	9	貝殼	10	石灰
			11	香草	12	白胡椒	13	香菜	14	肉桂	15	蜂蜜
	化學物質、醚	1	1	汽油	2	硫磺	3	老酒	4	麝香	5	奶油
			6	碘	7	丁香	8	樹脂			
	香氣的感覺	2	1	年輕的	2	沉穩（較內斂）	3	已甦醒	4	封閉	5	還原狀態
			6	展現出成熟度	7	已到氧化成熟的階段	8	氧化中	9	第一類香氣強烈	10	第二類香
			11	自然的	12	橡木桶風味	13	不健全			

味道	前味	1	1	輕盈	2	稍微輕盈	3	稍微強烈	4	強烈	5	有衝擊的
	甜味（飽含酒精的飽滿度）	1	1	少	2	順口	3	豐富	4	有殘糖		
	酸味	1	1	銳利	2	爽快	3	滑順	4	柔和	5	圓潤
			6	平順	7	柔軟	8	溫和	9	細緻		
	苦味	1	1	較少	2	沉穩	3	深遠	4	伴著圓潤	5	強勁（感覺突
			1	纖細	2	活潑	3	乾澀	4	青澀	5	肥厚
	均衡感		6	順口	7	黏稠	8	有衝擊的	9	平淡	10	豐滿
			11	豐富	12	有力量	13	骨架堅固			
	酒精	1	1	少	2	較少	3	較多	4	飽滿	5	能感到灼熱
	餘韻	1	1	短	2	較短	3	較長	4	長		

口感	2	1	果味豐富	2	迷人的	3	新鮮的	4	濃郁的	5	有花香味的
		6	有礦物味的	7	有植物味的	8	辛香的				
評價	1	1	能享受簡單、新鮮	2	成熟度高、豐富	3	味道濃縮、有力量	4	優雅、餘韻悠長	5	長期熟成型
		6	潛力高							
適飲溫度	1	1	7度以下	2	8～10度	3	11～14度	4	15～18度	5	19度以上
酒杯	1	1	小口	2	中庸	3	大口				
採收年份	1	1	2009	2	2010	3	2011	4	2012	5	2013
生產國	1	1	法國	2	西班牙	3	義大利	4	日本	5	澳洲
		6	美國							

主要葡萄品種	此資格檢定測驗是以選擇題的方式回答	Gewürztraminer
酒款名稱	請在品酒解答用紙的回答欄內以片假名或原文回答。字拼錯不予計分。	Alsace Gewürztraminer

重點

● 香氣豐富的品種，在判斷上容易找出其特色，簡單明瞭。
● 可以多加練習先找出它特有的荔枝香氣。

白酒　蜜思卡岱的解答例

答案數　　　　　　　　　　　　　　　　　　　　　　　　※因為解答有其範圍，所以上了色的解答會比答案數多。

清澄度	1	1	清澄	2	有點混濁	3	混濁				
光芒	1	1	水晶般的光芒	2	有光芒	3	感覺矇矓				
色調	1	1	帶綠色	2	檸檬黃	3	黃色	4	帶金黃色	5	金黃色
		6	棕黃色	7	琥珀色	8	紅磚色				
顏色深淺	1	1	淺（接近無色）	2	淺	3	稍深	4	深	5	非常深
黏稠度	1	1	清爽	2	稍微輕爽	3	稍微黏稠	4	豐富	5	黏稠
外觀的感覺	1	1	年輕	2	輕盈	3	濃厚	4	相當成熟	5	成熟度高
		6	有濃縮感	7	稍微有熟成	8	熟成	9	氧化熟成的感覺	10	已經開始氧化
		11	完全氧化								

豐富度	1	1	收斂	2	能確實感覺到	3	強而有力				
特徵 果實	2	1	檸檬	2	葡萄柚	3	蘋果	4	洋梨	5	榲桲
		6	桃子	7	杏果	8	鳳梨	9	哈密瓜	10	百香果
		11	香蕉	12	芒果	13	荔枝				
花、植物	1	1	胡桃	2	烤杏仁	3	榛果	4	金合歡	5	忍冬
		6	桂花	7	菩提樹	8	白玫瑰				
辛香料、芳香	1	1	薄荷	2	茴芹	3	馬鞭草	4	煙燻	5	法國白吐司
		6	烤麵包	7	焦糖	8	燧石	9	貝殼	10	石灰
		11	香草	12	白胡椒	13	香菜	14	肉桂	15	蜂蜜
化學物質、醚	1	1	汽油	2	硫磺	3	老酒	4	麝香	5	奶油
		6	碘	7	丁香	8	樹脂				
香氣的感覺	2	1	年輕的	2	沉穩（較內斂）	3	已甦醒	4	封閉	5	還原狀態
		6	展現出成熟度	7	已到熟化成熟的階段	8	氧化中	9	第一類香氣強烈	10	第二類香氣強烈
		11	自然的	12	橡木桶風味	13	不健全				

前味	1	1	輕盈	2	稍微輕盈	3	稍微強烈	4	強烈	5	有衝擊的
甜味（飽含酒精的飽滿度）	1	1	少	2	順口	3	豐富	4	有殘糖		
酸味	1	1	銳利	2	爽快	3	滑順	4	柔和	5	圓潤
		6	平順	7	柔軟	8	溫和	9	細緻		
苦味	1	1	較少	2	沉穩	3	深邃	4	伴著圓潤	5	強勁（感覺突出）
均衡感	2	1	纖細	2	活潑	3	乾澀	4	青澀	5	肥厚
		6	順口	7	黏稠	8	有衝擊的	9	平淡	10	豐滿
		11	豐富	12	有力量	13	骨架堅固				
酒精	1	1	少	2	較少	3	較多	4	飽滿	5	能感到灼熱
餘韻	1	1	短	2	較短	3	較長	4	長		

感	1	1	果味豐富	2	迷人的	3	新鮮的	4	濃郁的	5	有花香味的
		6	有礦物味的	7	有植物味的	8	辛香的				
價	1	1	能享受簡單、新鮮	2	成熟度高、豐富	3	味道濃縮、有力量	4	優雅、餘韻悠長	5	長期熟成型
		6	潛力高								
飲溫度	1	1	7度以下	2	8～10度	3	11～14度	4	15～18度	5	19度以上
杯	1	1	小口	2	中庸	3	大口				
收年份	1	1	2009	2	2010	3	2011	4	2012	5	2013
產國	1	1	法國	2	西班牙	3	義大利	4	日本	5	澳洲
		6	美國								

要葡萄品種	此資格檢定測驗是以選擇題的方式回答	Muscadet
款名稱	請在品酒解答用紙的回答欄內以片假名或原文回答。 字拼錯不予計分。	Muscadet de Sèvre et Maine Sur Lie

重點

- 香氣不明顯的品種，在判斷上極為困難。
- 相似的類型還有白皮諾和阿利歌特。
- 蜜思卡岱雖然是相當寒冷的品種，但是由於香氣和味道缺乏明顯的個性，如果直接釀成不甜的葡萄酒會變得沒有味道，因此很多會進行未去酒渣的培養法，所以會散發出相當特殊的法國白吐司味。

209

白酒 甲州的解答例

答案數 ※因為解答有其範圍，所以以上了色的解答會比答案數多

外觀

項目	答案數	1	2	3	4	5
清澄度	1	1 清澄	2 有點混濁	3 混濁		
光芒	1	1 水晶般的光芒	2 有光芒	3 感覺朦朧		
色調	1	1 帶綠色	2 檸檬黃	3 黃色	4 帶金黃色	5 金黃色
		6 棕黃色	7 琥珀色	8 紅磚色		
顏色深淺	1	1 淺（接近無色）	2 淺	3 稍淺	4 深	5 非常深
黏稠度	1	1 清爽	2 稍微輕爽	3 稍微黏稠	4 豐富	5 黏稠
外觀的感覺	2	1 年輕	2 輕盈	3 濃厚	4 相當成熟	5 成熟度高
		6 有濃縮感	7 稍微有熟成	8 熟成	9 氧化熟成的感覺	10 已經開始出
		11 完全氧化				

香氣

項目		答案數	1	2	3	4	5
豐富度		1	1 收斂	2 能確實感覺到	3 強而有力		
特徵	果實	2	1 檸檬	2 葡萄柚	3 蘋果	4 洋梨	5 榲桲
			6 桃子	7 杏果	8 鳳梨	9 哈密瓜	10 百香果
			11 香蕉	12 芒果	13 荔枝		
	花、植物	1	1 胡桃	2 烤杏仁	3 榛果	4 金合歡	5 忍冬
			6 桂花	7 菩提樹	8 白玫瑰		
	辛香料、芳香		1 薄荷	2 茴芹	3 馬鞭草	4 煙草	5 法國白吐司
			6 烤麵包	7 焦糖	8 燧石	9 貝殼	10 石灰
			11 香草	12 白胡椒	13 香菜	14 肉桂	15 蜂蜜
	化學物質、醚		1 汽油	2 硫磺	3 老酒	4 麝香	5 奶油
			6 碘	7 丁香	8 樹脂		
香氣的感覺		2	1 年輕的	2 沉穩（較內斂）	3 已甦醒	4 封閉	5 還原狀態
			6 展現出成熟度	7 已到氧化成熟的階段	8 氧化中	9 第一類香氣強烈	10 第二類香氣強
			11 自然的	12 橡木桶風味	13 不健全		

味道

項目	答案數	1	2	3	4	5
前味	1	1 輕盈	2 稍微輕盈	3 稍微強烈	4 強烈	5 有衝擊的
甜味（飽含酒精的飽滿度）	1	1 少	2 順口	3 豐富	4 有殘糖	
酸味	1	1 銳利	2 爽快	3 滑順	4 柔和	5 圓潤
		6 平順	7 柔軟	8 溫和	9 細緻	
苦味	1	1 較少	2 沉穩	3 深邃	4 伴著圓潤	5 強勁（感覺突
均衡感	2	1 纖細	2 活潑	3 乾燥	4 青澀	5 肥厚
		6 順口	7 黏稠	8 有衝擊的	9 平淡	10 豐滿
		11 豐富	12 有力量	13 骨架堅固		
酒精	1	1 少	2 較少	3 較多	4 飽滿	5 能感到灼熱
餘韻	1	1 短	2 較短	3 較長	4 長	

項目		1	2	3	4	5
口感		1 果味豐富	2 迷人的	3 新鮮的	4 濃郁的	5 有花香味的
		6 有礦物味的	7 有植物味的	8 辛香的		
評價		1 能享受簡單、新鮮	2 成熟度高、豐富	3 味道濃縮、有力量	4 優雅、餘韻悠長	5 長期熟成型
		6 潛力高				
適飲溫度	1	1 7度以下	2 8~10度	3 11~14度	4 15~18度	5 19度以上
酒杯	1	1 小口	2 中庸	3 大口		
採收年份	1	1 2009	2 2010	3 2011	4 2012	5 2013
生產國	1	1 法國	2 西班牙	3 義大利	4 日本	5 澳洲
		6 美國				
主要葡萄品種	此資格檢定測驗是以選擇題的方式回答			甲州		
酒款名稱	請在品解答用紙的回答欄內以片假名或原文回答。字拼錯不予計分。			山梨甲州		

重點

- 在香氣不明顯因此判斷極為困難的品種當中，甲州算是比較有「甲州特色」的香氣。
- 因為該葡萄品種成熟之後果皮會變粉紅色，所以用甲州釀造出的葡萄酒在顏色上會帶有膚色感覺。
- 如果在果實還沒完全成熟就提早採收，那麼釀造出來的酒在顏色上會非常的淡。
- 如果直接釀成不甜的葡萄酒會變得沒有味道，因此很多會進行未去酒渣的培養法，所以會散出相當特殊的法國白吐司味。
- 很多甲州也都帶有日式的酒粕風味。

※因為解答有其範圍，所以上了色的解答會比答案數多。

答案數

項目	答案數					
清澄度	1	1 清澄	2 有點混濁	3 混濁	4 有深度	
光芒	1	1 有光芒	2 稍弱	3 感覺帶霧		
色調	2	1 帶紫色	2 亮紅色	3 帶黑色	4 帶橙色	5 深紅色
		6 紅磚色	7 茶褐色			
顏色深淺	1	1 淺（接近無色）	2 明亮	3 稍深	4 深	5 非常深
黏稠度	1	1 清爽	2 稍微輕爽	3 稍微黏稠	4 豐富	5 黏稠
外觀的感覺	2	1 年輕	2 輕盈	3 濃厚	4 相當成熟	5 成熟度高
		6 有濃縮感	7 稍微有熟成	8 熟成	9 氧化熟成的感覺	10 已經開始氧化
		11 完全氧化				

特徵		答案數					
	豐富度	1	1 收斂	2 能確實感覺到	3 強而有力		
	果實	2	1 草莓	2 覆盆子	3 醋栗	4 藍莓	5 黑醋栗
			6 黑莓	7 黑櫻桃	8 李乾	9 無花果乾	
	花、植物	2	1 紅椒	2 薄荷腦	3 羊齒草	4 玫瑰	5 東北菫菜
			6 牡丹	7 天竺葵	8 月桂葉	9 杉樹	10 針葉樹
			11 紅茶				
	辛香料、芳香	3	1 乾燥花草	2 煙草	3 蕈類	4 枯葉土	5 腐葉土
			6 枯葉	7 血液	8 肉	9 皮革	10 松露
			11 蔬菜燉肉	12 野味	13 咖啡	14 香草	15 煙燻肉
			16 丁香	17 肉桂	18 黑胡椒	19 檀香木	20 杜松子
			21 巧克力	22 可可粉	23 碘		
	化學物質、醚	1	1 樹脂	2 硫磺	3 老酒	4 肉豆蔻	5 甘草
香氣的感覺		2	1 年輕的	2 沉穩（較內斂）	3 已甦醒	4 封閉	5 還原狀態
			6 展現出成熟度	7 已到氧化成熟的階段	8 氧化中	9 第一類香氣強烈	10 第二類香氣強烈
			11 自然的	12 橡木桶風味	13 不健全		

項目	答案數					
前味	1	1 輕盈	2 稍微輕盈	3 稍微強烈	4 強烈	5 有衝擊的
甜味（飽含酒精的飽滿度）	1	1 少	2 順口	3 豐富	4 有殘糖	
酸味	1	1 銳利	2 爽快	3 明顯	4 滑順	5 細緻
		6 圓潤	7 柔軟	8 溫和		
單寧	1	1 刺一般的	2 粗糙的	3 粗的	4 強而有力	5 強勁（感覺突出）
		6 細緻	7 細緻緊實	8 沙沙的	9 柔和	10 絲綢般的
均衡感	1	1 俐落	2 有骨架	3 堅實	4 瘦、乾渴的	5 豐潤的
		6 肥碩	7 強而有力的	8 骨架堅固	9 柔和	10 舒服
		11 流暢	12 順口	13 均衡感很好		
酒精	1	1 少	2 較少	3 較多	4 能感到灼熱	5 中等程度
餘韻	1	1 短	2 較短	3 較長	4 長	

項目	答案數					
感	2	1 果味豐富	2 迷人的	3 新鮮的	4 濃郁的	5 有花香味的
		6 有礦物味的	7 有植物味的	8 辛香的	9 複雜的	
價	1	1 能享受簡單、新鮮	2 成熟度高、豐富	3 味道濃縮、有力量	4 優雅、餘韻悠長	5 長期熟成型
		6 潛力高				
飲溫度	1	1 7度以下	2 8～10度	3 11～13度	4 14～16度	5 17度到20度
杯	1	1 小口	2 中庸	3 大口		
瓶醒酒	1	1 不需要	2 飲用前	3 事前（30～60分鐘前）		
收年份	1	1 2007	2 2008	3 2009	4 2010	5 2011
產國	1	1 法國	2 西班牙	3 義大利	4 日本	5 澳洲
		6 美國				
要葡萄品種	此資格檢定測驗是以選擇題的方式回答			Cabernet Sauvignon		
款名稱	請在品酒解答用紙的回答欄內以片假名或原文回答。			Bordeaux Médoc		
	字拼錯不予計分。					

重點

- 位居上等紅酒的頂端。以波爾多為起點而向全世界擴散的品種。即使是嚴峻的條件下也能順利地成長茁壯。
- 釀造出的紅酒顏色深，單寧豐富而收斂性強。
- 單寧的構造相當堅實，在口中能強烈地感覺到。
- 能夠經得起超長期熟成而成為偉大的葡萄酒。
- 在新世界等地方，如果同一個釀造師同時有在釀造卡本內蘇維翁、梅洛和希哈等品種，則會以卡本內蘇維翁的最堅實，口感最突出。

紅酒 黑皮諾的解答例

答案數　　　　　　　　　　　　　　　　　　　　　※因為解答有其範圍，所以上了色的解答會比答案數多

外觀

項目	答案數									
清澈度	1	1 清澄		2 有點混濁		3 混濁		4 有深度		
光芒	1	1 有光芒		2 稍弱		3 感覺帶霧				
色調	2	1 帶紫色		2 亮紅色		3 帶黑色		4 帶橙色		5 深紅色
		6 紅磚色		7 茶褐色						
顏色深淺	1	1 淺（接近無色）		2 明亮		3 稍深		4 深		5 非常深
黏稠度	1	1 清爽		2 稍微輕爽		3 稍微黏稠		4 豐富		5 黏稠
外觀的感覺	2	1 年輕		2 輕盈		3 濃厚		4 相當成熟		5 成熟度高
		6 有濃縮感		7 稍微有熟成		8 熟成		9 氧化熟成的感覺		10 已經開始氧化
		11 完全氧化								

香氣

項目		答案數									
豐富度		1	1 收斂		2 能確實感覺到		3 強而有力				
特徵	果實	2	1 草莓		2 覆盆子		3 醋栗		4 藍莓		5 黑醋栗
			6 黑莓		7 黑櫻桃		8 李乾		9 無花果乾		
	花、植物	2	1 紅椒		2 薄荷腦		3 羊齒草		4 玫瑰		5 東北董菜
			6 牡丹		7 天竺葵		8 月桂葉		9 杉樹		10 針葉樹
			11 紅茶								
	辛香料、芳香	3	1 乾燥花草		2 煙草		3 蕈類		4 枯葉土		5 腐葉土
			6 枯葉		7 血液		8 肉		9 皮革		10 松露
			11 蔬菜燉肉		12 野味		13 咖啡		14 香草		15 煙燻味
			16 丁香		17 肉桂		18 黑胡椒		19 檀香木		20 杜松子
			21 巧克力		22 可可粉		23 碘				
	化學物質、醚	0	1 樹脂		2 硫磺		3 老酒		4 肉豆蔻		5 甘草
香氣的感覺		2	1 年輕的		2 沉穩（較內斂）		3 已甦醒		4 封閉		5 還原狀態
			6 展現出成熟度		7 已到氧化成熟的階段		8 氧化中		9 第一類香氣強烈		10 第二類香氣強
			11 自然的		12 橡木桶風味		13 不健全				

味道

項目	答案數									
前味	1	1 輕盈		2 稍微輕盈		3 稍微強烈		4 強烈		5 有衝擊的
甜味（飽含酒精的飽滿度）	1	1 少		2 順口		3 豐富		4 有殘糖		
酸味	1	1 銳利		2 爽快		3 明顯		4 滑順		5 細緻
		6 圓潤		7 柔軟		8 溫和				
單寧	1	1 刺一般的		2 粗糙的		3 粗的		4 強而有力		5 強勁（感覺突出
		6 細緻		7 細緻緊密		8 沙沙的		9 柔和		10 絲綢般的
均衡感	1	1 俐落		2 有骨架		3 堅實		4 瘦、乾渴的		5 豐潤的
		6 肥碩		7 強而有力的		8 骨架堅固		9 豐富		10 舒服
		11 流暢		12 順口		13 均衡很好				
酒精	1	1 少		2 較少		3 較多		4 能感到灼熱		5 中等程度
餘韻	1	1 短		2 較短		3 較長		4 長		

項目	答案數									
口感	2	1 果味豐富		2 迷人的		3 新鮮的		4 濃郁的		5 有花香味的
		6 有礦物味的		7 有植物味的		8 辛香的		9 複雜的		
評價	1	1 能享受簡單、新鮮		2 成熟度高、豐富		3 味道濃縮、有力量		4 優雅、餘韻悠長		5 長期熟成型
		6 潛力高								
適飲溫度	1	1 7度以下		2 8～10度		3 11～13度		4 14～16度		5 17度到20度
酒杯	1	1 小口		2 中庸		3 大口				
換瓶醒酒	1	1 不需要		2 飲用前		3 事前（30～60分鐘前）				
採收年份	1	1 2008		2 2009		3 2010		4 2011		5 2012
生產國	1	1 法國		2 西班牙		3 義大利		4 日本		5 澳洲
		6 美國								
主要葡萄品種		此資格檢定測驗是以選擇題的方式回答					Pinot Noir			
酒款名稱		請在品酒解答用紙的回答欄內以片假名或原文回答。字拼錯不予計分。					Bourgogne BeauneRouge			

重點

- 位居上等紅酒的頂端。對土壤的選擇非常挑剔。在世界上不容易栽培成功。
- 顏色不容易變深邃的品種。
- 果味豐富，較多莓果系的香氣。
- 單寧的絕對量不像卡本內蘇維翁那麼多，構造能感覺到柔和。
- 單寧雖然沒那麼多，但是能夠經得起超長期熟成而成為偉大的葡萄酒。

※因為解答有其範圍，所以上了色的解答會比答案數多。

項目	答案數	1	2	3	4	5
清澄度	1	1 清澄	2 有點混濁	3 混濁	4 有深度	
光芒	1	1 有光芒	2 稍弱	3 感覺帶霧		
色調	2	1 帶紫色	2 亮紅色	3 帶黑色	4 帶橙色	5 深紅色
		6 紅磚色	7 茶褐色			
顏色深淺	1	1 淺（接近無色）	2 明亮	3 稍深	4 深	5 非常深
黏稠度	1	1 清爽	2 稍微輕爽	3 稍微黏稠	4 豐富	5 黏稠
外觀的感覺	2	1 年輕	2 輕盈	3 濃厚	4 相當成熟	5 成熟度高
		6 有濃縮感	7 稍微有熟成	8 熟成	9 氧化熟成的感覺	10 已經開始氧化
		11 完全氧化				

特徵		答案數	1	2	3	4	5
豐富度		1	1 收斂	2 能確實感覺到	3 強而有力		
	果實	2	1 草莓	2 覆盆子	3 醋栗	4 藍莓	5 黑醋栗
			6 黑莓	7 黑櫻桃	8 李乾	9 無花果乾	
	花、植物	2	1 紅椒	2 薄荷腦	3 羊齒草	4 玫瑰	5 東北菫菜
			6 牡丹	7 天竺葵	8 月桂葉	9 杉樹	10 針葉樹
			11 紅茶				
	辛香料、芳香	1	1 乾燥花草	2 煙草	3 蕈類	4 枯葉土	5 腐葉土
			6 枯葉	7 血液	8 肉	9 皮革	10 松露
			11 蔬菜燉肉	12 野味	13 咖啡	14 香草	15 煙燻肉
			16 丁香	17 肉桂	18 黑胡椒	19 檀香木	20 杜松子
			21 巧克力	22 可可粉	23 碘		
	化學物質、醚	1	1 樹脂	2 硫磺	3 老酒	4 肉豆蔻	5 甘草
香氣的感覺		2	1 年輕的	2 沉穩（較內斂）	3 已甦醒	4 封閉	5 還原狀態
			6 展現出成熟度	7 已到氧化熟成的階段	8 氧化中	9 第一類香氣強烈	10 第二類香氣強烈
			11 自然的	12 橡木桶風味	13 不健全		

項目	答案數	1	2	3	4	5
前味	1	1 輕盈	2 稍微輕盈	3 稍微強烈	4 強烈	5 有衝擊的
甜味（飽含酒精的飽滿度）	1	1 少	2 順口	3 豐富	4 有殘糖	
酸味		1 銳利	2 爽快	3 明顯	4 滑順	5 細緻
		6 圓潤	7 柔軟	8 溫和		
單寧	1	1 一般的	2 粗糙的	3 粗的	4 強而有力	5 強勁（感覺突出）
		6 細緻	7 細緻緊密	8 沙沙的	9 柔和	10 絲綢般的
均衡感	1	1 俐落	2 有骨架	3 堅實	4 瘦、乾瘦的	5 豐潤的
		6 肥碩	7 強而有力的	8 骨架堅固	9 柔和	10 舒服
		11 流暢	12 順口	13 均衡很好		
酒精	1	1 少	2 較少	3 較多	4 能感到灼熱	5 中等程度
餘韻	1	1 短	2 較短	3 較長	4 長	

項目	答案數	1	2	3	4	5
感	2	1 果味豐富	2 迷人的	3 新鮮的	4 濃郁的	5 有花香味的
		6 有礦物味的	7 有植物味的	8 辛香的	9 複雜的	
質	1	1 能享受簡單、新鮮	2 成熟度高、豐富	3 味道濃縮、有力量	4 優雅、餘韻悠長	5 長期熟成型
		6 潛力高				
飲用溫度	1	1 7度以下	2 8～10度	3 11～13度	4 14～16度	5 17度到20度
杯	1	1 小口	2 中庸	3 大口		
醒酒	1	1 不需要	2 飲用前	3 事前（30～60分鐘前）		
收成年份	1	1 2008	2 2009	3 2010	4 2011	5 2012
產國	1	1 法國	2 西班牙	3 義大利	4 日本	5 澳洲
		6 美國				
主要葡萄品種	此資格檢定測驗是以選擇題的方式回答			Cabernet Franc		
酒款名稱	請在品酒解答用紙的回答欄內以片假名或原文回答。字拼錯不予計分。			Chinon		

重點

- 有歷史的品種，在世界各地都有栽種。
- 比較少當成主要品種，在羅亞爾河流域中段則是作為主體來釀造。
- 如果是以考試的角度，羅亞爾河流域中段是屬於「北方感覺」的葡萄酒。
- 原本是屬於植物的綠色氣息感覺很強的品種，但是越來越多的生產者會很有技巧地抑制那種綠色的氣味，因此品種判斷上變得越來越困難。

紅酒 梅洛的解答例

答案數　　　　　　　　　　　　　　　　　　　　　　　※因為解答有其範圍，所以上了色的解答會比答案數

外觀

		答案數									
清澈度		1	1	清澄	2	有點混濁	3	混濁	4	有深度	
光芒		1	1	有光芒	2	稍弱	3	感覺霧霧			
色調		2	1	帶紫色	2	亮紅色	3	帶黑色	4	帶橙色	5 深紅色
			6	紅磚色	7	茶褐色					
顏色深淺		1	1	淺（接近無色）	2	明亮	3	稍深	4	深	5 非常深
黏稠度		1	1	清爽	2	稍微輕爽	3	稍微黏稠	4	豐富	5 黏稠
外觀的感覺		2	1	年輕	2	輕盈	3	濃厚	4	相當成熟	5 成熟度高
			6	有濃縮感	7	稍微有熟成	8	熟成	9	氧化熟成的感覺	10 已經開始氧
			11	完全氧化							

香氣

			答案數									
特徵	豐富度		1	1	收斂	2	能確實感覺到	3	強而有力			
	果實		2	1	草莓	2	覆盆子	3	醋栗	4	藍莓	5 黑醋栗
				6	黑莓	7	黑櫻桃	8	李乾	9	無花果乾	
	花、植物		2	1	紅椒	2	薄荷腦	3	羊齒草	4	玫瑰	5 東北菫菜
				6	牡丹	7	天竺葵	8	月桂葉	9	杉樹	10 針葉樹
				11	紅茶							
	辛香料、芳香		2	1	乾燥花草	2	煙草	3	蕈類	4	枯葉土	5 腐葉土
				6	枯葉	7	血液	8	肉	9	皮革	10 松露
				11	蔬菜燉肉	12	野味	13	咖啡	14	香草	15 煙燻肉
				16	丁香	17	肉桂	18	黑胡椒	19	檀香木	20 杜松子
				21	巧克力	22	可可粉	23	碘			
	化學物質、醚		1	1	樹脂	2	硫磺	3	老酒	4	肉豆蔻	5 甘草
	香氣的感覺		2	1	年輕的	2	沉穩（較內斂）	3	已甦醒	4	封閉	5 還原狀態
				6	展現出成熟度	7	已到氧化成熟的階段	8	氧化中	9	第一類香氣強烈	10 第二類香氣
				11	自然的	12	橡木桶風味	13	不健全			

味道

		答案數									
前味		1	1	輕盈	2	稍微輕盈	3	稍微強烈	4	強烈	5 有衝擊的
甜味（飽含酒精的飽滿度）		1	1	少	2	順口	3	豐富	4	有殘糖	
酸味		1	1	銳利	2	爽快	3	明顯	4	滑順	5 細緻
			6	圓潤	7	柔軟	8	溫和			
單寧		1	1	刺一般的	2	粗糙的	3	粗的	4	強而有力	5 強勁（感覺突
			6	細緻	7	細緻緊密	8	沙沙的	9	柔和	10 絲綢般的
均衡感			1	俐落	2	有骨架	3	堅實	4	瘦、乾渴的	5 豐潤的
			6	肥碩	7	強而有力的	8	骨架堅固	9	柔和	10 舒服
			11	流暢	12	順口	13	均衡感很好			
酒精		1	1	少	2	較少	3	較多	4	能感到灼熱	5 中等程度
餘韻		1	1	短	2	較短	3	較長	4	長	

口感／評價

	答案數									
口感	2	1	果味豐富	2	迷人的	3	新鮮的	4	濃郁的	5 有花香味的
		6	有礦物味的	7	有植物味的	8	辛香的	9	複雜的	
評價	1	1	能享受簡單、新鮮	2	成熟度高、豐富	3	味道濃縮、有力量	4	優雅、餘韻悠長	5 長期熟成型
		6	潛力高							
適飲溫度	1	1	7度以下	2	8～10度	3	11～13度	4	14～16度	5 17度到20度
酒杯	1	1	小口	2	中庸	3	大口			
換瓶醒酒	1	1	不需要	2	飲用前	3	事前（30～60分鐘前）			
採收年份	1	1	2008	2	2009	3	2010	4	2011	5 2012
生產國	1	1	法國	2	西班牙	3	義大利	4	日本	5 澳洲
		6	美國							
主要葡萄品種		此資格檢定測驗是以選擇題的方式回答				Merlot				
酒款名稱		請在品酒解答用紙的回答欄內以片假名或原文回答。字拼錯不予計分。				Shiojiri Merlot				

重點

- 在世界各地都有栽種。
- 顏色能變深邃的品種。雖然構造細緻，但口感卻不會太強烈。
- 出現在考題的主要是波爾多和新世界的，但最近來自日本長野的也不少。

答案數　　　　　　　　　　　　　　　　　　　※因為解答有其範圍，所以上了色的解答會比答案數多。

項目	答案數									
清澄度	1	1	清澄	2	有點混濁	3	混濁	4	有深度	
光芒	1	1	有光芒	2	稍弱	3	感覺帶霧			
色調	2	1	帶紫色	2	亮紅色	3	帶黑色	4	帶橙色	5 深紅色
		6	紅磚色	7	茶褐色					
顏色深淺	1	1	淺（接近無色）	2	明亮	3	稍深	4	深	非常深
黏稠度	1	1	清爽	2	稍微輕爽	3	稍微黏稠	4	豐富	5 黏稠
外觀的感覺	2	1	年輕	2	輕盈	3	濃厚	4	相當成熟	5 成熟度高
		6	有濃縮感	7	稍微有熟成	8	熟成	9	氧化熟成的感覺	10 已經開始氧化
		11	完全氧化							

特徵		豐富度	1	1	收斂	2	能確實感覺到	3	強而有力		
		果實	2	1	草莓	2	覆盆子	3	醋栗	4 藍莓	5 黑醋栗
				6	黑莓	7	黑櫻桃	8	李乾	9 無花果乾	
		花、植物		1	紅椒	2	薄荷腦	3	羊齒草	4 玫瑰	5 東北堇菜
			6	牡丹	7	天竺葵	8	月桂葉	9 杉樹	10 針葉樹
				11	紅茶						
		辛香料、芳香		1	乾燥花草	2	煙草	3	蕈類	4 枯葉土	5 腐葉土
			6	枯葉	7	血液	8	肉	9 皮革	10 松露
			11	蔬菜燉肉	12	野味	13	咖啡	14 香草	15 煙燻肉
			16	丁香	17	肉桂	18	黑胡椒	19 檀香木	20 杜松子
			21	巧克力	22	可可粉	23	碘			
		化學物質、醚		1	樹脂	2	硫磺	3	老酒	4 肉豆蔻	5 甘草
香氣的感覺	2	1	年輕的	2	沉穩（較內斂）	3	已甦醒	4 封閉	5 還原狀態
		6	展現出成熟度	7	已到氧化成熟的階段	8	氧化中	9 第一類香氣強烈	10 第二類香氣強烈
		11	自然的	12	橡木桶風味	13	不健全			

前味	1	1	輕盈	2	稍微輕盈	3	稍微強烈	4	強烈	5 有衝擊的
甜味（飽含酒精的飽滿度）	1	1	少	2	順口	3	豐富	4	有殘糖	
酸味	1	1	銳利	2	爽快	3	明顯	4	滑順	5 細緻
		6	圓潤	7	柔軟	8	溫和			
單寧	1	1	刺一般的	2	粗糙的	3	粗的	4	強而有力	5 強勁（感覺突出）
		6	細緻	7	細緻緊密	8	沙沙的	9	柔和	10 絲綢般的
均衡感	1	1	俐落	2	有骨架	3	堅實	4	瘦、乾澀的	5 豐潤的
		6	肥碩	7	強而有力的	8	骨架堅固	9	柔和	10 舒服
		11	流暢	12	順口	13	均衡感很好			
酒精	1	1	少	2	較少	3	較多	4	能感到灼熱	5 中等程度
餘韻	1	1	短	2	較短	3	較長	4	長	

口感	2	1	果味豐富	2	迷人的	3	新鮮的	4	濃郁的	5 有花香味的
		6	有礦物味的	7	有植物味的	8	辛香的	9	複雜的	
評價	1	1	能享受簡單、新鮮	2	成熟度高、豐富	3	味道濃縮、有力量	4	優雅、餘韻悠長	長期熟成型
		6	潛力高							
飲溫度	1	1	7度以下	2	8～10度	3	11～13度	4	14～16度	5 17度到20度
杯	1	1	小	2	中庸	3	大口			
瓶醒酒	1	1	不需要	2	飲用前	3	事前（30～60分鐘前）			
收年份	1	1	2008	2	2009	3	2010	4	2011	5 2012
產國	1	1	法國	2	西班牙	3	義大利	4	日本	5 澳洲
		6	美國							
要葡萄品種		此資格檢定測驗是以選擇題的方式回答				Gamay				
款名稱		請在品酒解答紙的回答欄內以片假名或原文回答。字拼錯不予計分。				Moulin-à-vent				

重點

- 栽種地相當有限。
- 在薄酒萊種植相當成功的品種，釀造出的葡萄酒果味豐富且相當具有親和力。
- 單寧並不多。
- 來自風車磨坊和摩恭產的葡萄酒可以長期熟成。

紅酒　希哈的解答例

答案數　　　　　　　　　　　　　　　　　　　※因為解答有其範圍，所以上了色的解答會比答案數…

外觀

項目	答案數					
清澄度	1	1 清澄	2 有點混濁	3 混濁	4 有深度	
光芒	1	1 有光芒	2 稍弱	3 感覺帶霧		
色調	2	1 帶紫色	2 亮紅色	3 帶黑色	4 帶橙色	5 深紅色
		6 紅磚色	7 茶褐色			
顏色深淺	1	1 淺（接近無色）	2 明亮	3 稍深	4 深	5 非常深
黏稠度	1	1 清爽	2 稍微輕爽	3 稍微黏稠	4 豐富	5 黏稠
外觀的感覺	1	1 年輕	2 輕盈	3 濃厚	4 相當成熟	5 成熟度高
		6 有濃縮感	7 稍微有熟成	8 熟成	9 氧化熟成的感覺	10 已經開始出
		11 完全氧化				

香氣

項目		答案數					
特徵	豐富度	1	1 收斂	2 能確實感覺到	3 強而有力		
	果實	2	1 草莓	2 覆盆子	3 醋栗	4 藍莓	5 黑醋栗
			6 黑莓	7 黑櫻桃	8 李乾	9 無花果乾	
	花、植物	2	1 紅椒	2 薄荷腦	3 羊齒草	4 玫瑰	5 東北菫菜
			6 牡丹	7 天竺葵	8 月桂葉	9 杉樹	10 針葉樹
			11 紅茶				
	辛香料、芳香	3	1 乾燥花草	2 煙草	3 蕈類	4 枯葉土	5 腐葉土
			6 枯葉	7 血液	8 肉	9 皮革	10 松露
			11 蔬菜燉肉	12 野味	13 咖啡	14 香草	15 煙燻肉
			16 丁香	17 肉桂	18 黑胡椒	19 檀香木	20 杜松子
			21 巧克力	22 可可粉	23 碘		
	化學物質、醚	1	1 樹脂	2 硫磺	3 老酒	4 肉豆蔻	5 甘草
	香氣的感覺	2	1 年輕的	2 沉穩（較內斂）	3 已甦醒	4 封閉	5 還原狀態
			6 展現出成熟度	7 已到氧化成熟的階段	8 氧化中	9 第一類香氣強烈	10 第二類香氣
			11 自然的	12 橡木桶風味	13 不健全		

味道

項目	答案數					
前味	1	1 輕盈	2 稍微輕盈	3 稍微強烈	4 強烈	5 有衝擊的
甜味（飽含酒精的飽滿度）	1	1 少	2 順口	3 豐富	4 有殘糖	
酸味	1	1 銳利	2 爽快	3 明顯	4 滑順	5 細緻
		6 圓潤	7 柔軟	8 溫和		
單寧	1	1 刺一般的	2 粗糙的	3 粗的	4 強而有力	5 強勁（感覺突
		6 細緻	7 細緻緊密	8 沙沙的	9 柔和	10 絲綢般的
均衡感	2	1 俐落	2 有骨架	3 堅實	4 瘦、乾渴的	5 豐潤的
		6 肥碩	7 強而有力的	8 骨架堅固	9 柔和	10 舒服
		11 流暢	12 順口	13 均衡感很好		
酒精	1	1 少	2 較少	3 較多	4 能感到灼熱	5 中等程度
餘韻	1	1 短	2 較短	3 較長	4 長	

項目	答案數					
口感	2	1 果味豐富	2 迷人的	3 新鮮的	4 濃郁的	5 有花香味的
		6 有礦物味的	7 有植物味的	8 辛香的	9 複雜的	
評價	1	1 能享受簡單、新鮮	2 成熟度高、豐富	3 味道濃縮、有力量	4 優雅、餘韻悠長	5 長期熟成型
		6 潛力高				
適飲溫度	1	1 7度以下	2 8~10度	3 11~13度	4 14~16度	5 17度到20度
酒杯	1	1 小口	2 中庸	3 大口		
換瓶醒酒	1	1 不需要	2 飲用前	3 事前（30~60分鐘前）		
採收年份	1	1 2008	2 2009	3 2010	4 2011	5 2012
生產國	1	1 法國	2 西班牙	3 義大利	4 日本	5 澳洲
		6 美國				
主要葡萄品種	此資格檢定測驗是以選擇題的方式回答			Syrah		
酒款名稱	請在品酒解答用紙的回答欄內以片假名或原文回答。字拼錯不予計分。			Crozes-Hermitage		

重點

- 種植在以北隆河為中心的南法。
- 有動物、野獸般的氣息，讓人聯想到血和肉。
- 很多會散發出辛香料，特別是黑胡椒的味道，這是決定希哈的重要根據。

答案數　　　　　　　　　　　　　　　　　　　　　※因為解答有其範圍，所以上了色的解答會比答案數多。

外觀	答案數									
清澄度	1	1 清澄	2 有點混濁	3 混濁	4 有深度		
光芒	1	1 有光芒	2 稍弱	3 感覺帶霧			
色調	2	1 帶紫色	2 亮紅色	3 帶黑色	4 帶橙色	5 深紅色
		6 紅磚色	7 茶褐色			
顏色深淺	1	1 淺（接近無色）	2 明亮	3 稍深	4 深	5 非常深
黏稠度	1	1 清爽	2 稍微輕爽	3 稍微黏稠	4 豐富	5 黏稠
外觀的感覺	2	1 年輕	2 輕盈	3 濃厚	4 相當成熟	5 成熟度高
		6 有濃縮感	7 稍微有熟成	8 熟成	9 氧化熟成的感覺	10 已經開始氧化
		11 完全氧化				

特徵		答案數								
	豐富度	1	1 收斂	2 能確實感覺到	3 強而有力		
	果實	2	1 草莓	2 覆盆子	3 醋栗	4 藍莓	5 黑醋栗
			6 黑莓	7 黑櫻桃	8 李乾	9 無花果乾	
	花、植物	2	1 紅椒	2 薄荷腦	3 羊齒草	4 玫瑰	5 東北堇菜
			6 牡丹	7 天竺葵	8 月桂葉	9 杉樹	10 針葉樹
			11 紅茶				
	辛香料、芳香	3	1 乾燥花草	2 煙草	3 蕈類	4 枯葉土	5 腐葉土
			6 枯葉	7 血液	8 肉	9 皮革	10 松露
			11 蔬菜燉肉	12 野味	13 咖啡	14 香草	15 煙燻肉
			16 丁香	17 肉桂	18 黑胡椒	19 檀香木	20 杜松子
			21 巧克力	22 可可粉	23 碘		
	化學物質、醚	1	1 樹脂	2 硫磺	3 老酒	4 肉豆蔻	5 甘草
香氣的感覺		2	1 年輕的	2 沉穩（較內斂）	3 已甦醒	4 封閉	5 還原狀態
			6 展現出成熟度	7 已到氧化成熟的階段	8 氧化中	9 第一類香氣強烈	10 第二類香氣強烈
			11 自然的	12 橡木桶風味	13 不健全		

味覺	答案數									
前味	1	1 輕盈	2 稍微輕盈	3 稍微強烈	4 強烈	5 有衝擊的
甜味（飽含酒精的飽滿度）	1	1 少	2 順口	3 豐富	4 有殘糖	
酸味	1	1 銳利	2 爽快	3 明顯	4 滑順	5 細緻
		6 圓潤	7 柔軟	8 溫和		
單寧	1	1 刺一般的	2 粗糙的	3 粗的	4 強而有力	5 強勁（感覺突出）
		6 細緻	7 細緻緊密	8 沙沙的	9 柔和	10 絲綢般的
均衡感	1	1 俐落	2 有骨架	3 堅實	4 瘦、乾渴的	5 豐潤的
		6 肥碩	7 強而有力的	8 骨架堅固	9 柔和	10 舒服
		11 流暢	12 順口	13 均衡感很好		
酒精	1	1 少	2 較少	3 較多	4 能感到灼熱	5 中等程度
餘韻	1	1 短	2 較短	3 較長	4 長	

	答案數									
口感	2	1 果味豐富	2 迷人的	3 新鮮的	4 濃郁的	5 有花香味的
		6 有礦物味的	7 有植物味的	8 辛香的	9 複雜的	
評價	1	1 能享受簡單、新鮮	2 成熟度高、豐富	3 味道濃縮、有力量	4 優雅、餘韻悠長	5 長期熟成型
		6 潛力高				
飲溫度	1	1 7度以下	2 8～10度	3 11～13度	4 14～16度	5 17度到20度
杯	1	1 小口	2 中庸	3 大口		
瓶醒酒	1	1 不需要	2 飲用前	3 事前（30～60分鐘前）		
收年份	1	1 2008	2 2009	3 2010	4 2011	5 2012
產國	1	1 法國	2 西班牙	3 義大利	4 日本	5 澳洲
		6 美國				
要葡萄品種		此資格檢定測驗是以選擇題的方式回答		Shiraz		
款名稱		請在品酒解答用紙的回答欄內以片假名或原文回答。字拼錯不予計分。		Penfolds Kalimna Shiraz Penfolds Bin 28		

重點

● 相對於希哈種植在以北隆河為中心的南法，在澳洲則搖身成為希拉茲而創造出完全不同的世界。

● 所有的紅酒當中，顏色最深邃的品種之一。

● 有很多並不像隆河所產的希哈那樣有動物或野獸般的氣息。

● 和希哈一樣，很多會散發出辛香料，特別是黑胡椒的味道，這是決定希拉茲的重要根據。

紅酒 奈比歐露的解答例

※因為解答有其範圍，所以上了色的解答會比答案數多

答案數

外觀

清澄度	1	1	清澄	2	有點混濁	3	混濁	4	有深度		
光芒	1	1	有光芒	2	稍弱	3	感覺帶霧				
色調	2	1	帶紫色	2	亮紅色	3	帶黑色	4	帶橙色	5	深紅色
		6	紅磚色	7	茶褐色						
顏色深淺	1	1	淺（接近無色）	2	明亮	3	稍深	4	深	5	非常深
黏稠度	1	1	清爽	2	稍微輕爽	3	稍微黏稠	4	豐富	5	黏稠
外觀的感覺	2	1	年輕	2	輕盈	3	濃厚	4	相當成熟	5	成熟度高
		6	有濃縮感	7	稍微有熟成	8	熟成	9	氧化熟成的感覺	10	已經開始氧化
		11	完全氧化								

香氣

豐富度		1	1	收斂	2	能確實感覺到	3	強而有力			
特徵	果實	2	1	草莓	2	覆盆子	3	醋栗	4	藍莓	5	黑醋栗
			6	黑棗	7	黑櫻桃	8	李乾	9	無花果乾		
	花、植物	2	1	紅椒	2	薄荷腦	3	羊齒草	4	玫瑰	5	東北董菜
			6	牡丹	7	天竺葵	8	月桂葉	9	杉樹	10	針葉樹
			11	紅茶								
	辛香料、芳香	3	1	乾燥花草	2	煙草	3	蕈類	4	枯葉土	5	腐葉土
			6	枯葉	7	血液	8	肉	9	皮革	10	松露
			11	蔬菜燉肉	12	野味	13	咖啡	14	香草	15	煙燻肉
			16	丁香	17	肉桂	18	黑胡椒	19	檀香木	20	杜松子
			21	巧克力	22	可可粉	23	碘				
	化學物質、醚	1	1	樹脂	2	硫磺	3	老酒	4	肉豆蔻	5	甘草
香氣的感覺		2	1	年輕的	2	沉穩（較內斂）	3	已甦醒	4	封閉	5	還原狀態
			6	展現出成熟度	7	已到氧化成熟的階段	8	氧化中	9	第一類香氣強烈	10	第二類香氣強
			11	自然的	12	橡木桶風味	13	不健全				

味道

前味	1	1	輕盈	2	稍微輕盈	3	稍微強烈	4	強烈	5	有衝擊的
甜味（飽含酒精的飽滿感）	1	1	少	2	順口	3	豐富	4	有殘糖		
酸味	1	1	銳利	2	爽快	3	明顯	4	滑順	5	細緻
		6	圓潤	7	柔軟	8	溫和				
單寧	1	1	刺一般的	2	粗糙的	3	粗的	4	強而有力	5	強勁（感覺突出
		6	細緻	7	細膩緊密	8	沙沙的	9	柔和	10	絲綢般的
均衡感	1	1	俐落	2	有骨架	3	堅實	4	瘦、乾渴的	5	豐潤的
		6	肥碩	7	強而有力的	8	骨架堅固	9	柔和	10	舒服
		11	流暢	12	順口	13	均衡感很好				
酒精	1	1	少	2	較少	3	較多	4	能感到灼熱	5	中等程度
餘韻	1	1	短	2	較短	3	較長	4	長		

（綜合評價）

口感	2	1	果味豐富	2	迷人的	3	新鮮的	4	濃郁的	5	有花香味的
		6	有礦物味的	7	有植物味的	8	辛香的	9	複雜的		
評價	1	1	能享受簡單、新鮮	2	成熟度高、豐富	3	味道濃縮、有力量	4	優雅、餘韻悠長	5	長期熟成型
		6	潛力高								
適飲溫度	1	1	7度以下	2	8～10度	3	11～13度	4	14～16度	5	17度到20度
酒杯	1	1	小口	2	中庸	3	大口				
換瓶醒酒	1	1	不需要	2	飲用前	3	事前（30～60分鐘前）				
採收年份	1	1	2007	2	2008	3	2009	4	2010	5	2011
生產國	1	1	法國	2	西班牙	3	義大利	4	日本	5	澳洲
		6	美國								
主要葡萄品種		此資格檢定測驗是以選擇題的方式回答				Nebbiolo					
酒款名稱		請在品酒解答用紙的回答欄內以片假名或原文回答。字拼錯不予計分。				Barolo					

重點

- 能釀造出義大利知名葡萄酒的葡萄品種。
- 對土壤的選擇非常挑剔，在世界上不容易栽培成功。
- 顏色不容易變深邃的品種，如果是特殊的顏色，則有可能是奈比歐露、黑皮諾，或是長期熟成後的卡本內蘇維翁。
- 較多乾燥果實的香氣。
- 單寧的絕對量非常多，是構造相當紮實的葡萄酒。
- 能夠經得起超長期熟成而成為偉大的葡萄酒。

答案數　　　　　　　　　　　　　　　　　　　※因為解答有其範圍，所以上了色的解答會比答案數多。

項目	答案數	1		2		3		4		5	
清澄度	1	1	清澄	2	有點混濁	3	混濁	4	有深度		
光芒	1	1	有光芒	2	稍弱	3	感覺帶霧				
色調	2	1	帶紫色	2	亮紅色	3	帶黑色	4	帶橙色	5	深紅色
		6	紅磚色	7	茶褐色						
顏色深淺	1	1	淺（接近無色）	2	稍深	3	稍深	4	深	5	非常深
黏稠度	1	1	清爽	2	稍微輕爽	3	稍微黏稠	4	豐富	5	黏稠
外觀的感覺	2	1	年輕	2	輕盈	3	濃厚	4	相當成熟	5	成熟度高
		6	有濃縮感	7	稍微有熟成	8	熟成	9	氧化熟成的感覺	10	已經開始氧化
		11	完全氧化								

項目		答案數	1		2		3		4		5	
豐富度		1	1	收斂	2	能確實感覺到	3	強而有力				
特徵	果實	2	1	草莓	2	覆盆子	3	醋栗	4	藍莓	5	黑醋栗
			6	黑莓	7	黑櫻桃	8	李乾	9	無花果乾		
	花、植物	2	1	紅椒	2	薄荷腦	3	羊齒草	4	玫瑰	5	東北菫菜
			6	牡丹	7	天竺葵	8	月桂葉	9	杉樹	10	針葉樹
			11	紅茶								
	辛香料、芳香	3	1	乾燥花草	2	煙草	3	蕈類	4	枯葉土	5	腐葉土
			6	枯葉	7	血液	8	肉	9	皮革	10	松露
			11	蔬菜燉肉	12	野味	13	咖啡	14	香草	15	煙燻肉
			16	丁香	17	肉桂	18	黑胡椒	19	檀香木	20	杜松子
			21	巧克力	22	可可粉	23	碘				
	化學物質、醚	1	1	樹脂	2	硫磺	3	老酒	4	肉豆蔻	5	甘草
香氣的感覺		2	1	年輕的	2	沉穩（較內斂）	3	已甦醒	4	封閉	5	還原狀態
			6	展現出成熟度	7	已到氧化成熟的階段	8	氧化中	9	第一類香氣強烈	10	第二類香氣強烈
			11	自然的	12	橡木桶風味	13	不健全				

項目	答案數	1		2		3		4		5	
前味	1	1	輕盈	2	稍微輕盈	3	稍微強烈	4	強烈	5	有衝擊感
甜味（飽含酒精的飽滿感）	1	1	少	2	順口	3	豐富	4	有殘糖		
酸味	1	1	銳利	2	爽快	3	明顯	4	滑順	5	細緻
		6	圓潤	7	柔軟	8	溫和				
單寧	1	1	刺一般的	2	粗糙的	3	粗的	4	強而有力	5	強勁（感覺突出）
		6	細緻	7	細緻緊密	8	沙沙的	9	柔和	10	絲綢般的
均衡感	1	1	俐落	2	有骨架	3	堅實	4	瘦、乾渴的	5	豐潤的
		6	肥碩	7	強而有力的	8	骨架堅固	9	柔和	10	舒服
		11	流暢	12	順口	13	均衡感很好				
酒精	1	1	少	2	較少	3	較多	4	能感到灼熱	5	中等程度
餘韻	1	1	短	2	較短	3	較長	4	長		

項目	答案數	1		2		3		4		5	
評價	2	1	果味豐富	2	迷人的	3	新鮮的	4	濃郁的	5	有花香味的
		6	有礦物味的	7	有植物味的	8	辛香的	9	複雜的		
	1	1	能享受簡單、新鮮	2	成熟度高、豐富	3	味道濃縮、有力量	4	優雅、餘韻悠長	5	長期熟成型
		6	潛力高								
飲用溫度	1	1	7度以下	2	8～10度	3	11～13度	4	14～16度	5	17度到20度
杯子	1	1	小口	2	中庸	3	大口				
醒酒	1	1	不需要	2	飲用前	3	事前（30～60分鐘前）				
收穫年份	1	1	2008	2	2009	3	2010	4	2011	5	2012
生產國	1	1	法國	2	西班牙	3	義大利	4	日本	5	澳洲
		6	美國								
主要葡萄品種		此資格檢定測驗是以選擇題的方式回答				Tempranillo					
酒款名稱		請以品酒解答用紙的回答欄內以片假名或原文回答。字拼錯不予計分。				Rioja Reserva					

重點

- 由於在西班牙規定必須要長期熟成，因此以結論來說，經常會呈現色調淡薄的熟成色，但原本其實是顏色能夠變較深的品種。
- 最近不太會讓橡木桶的風味太強烈，於是出現滿多能享受到濃郁果味的類型。
- 很多是用美國橡木做成的橡木桶來熟成，其香氣則是重要關鍵。

紅酒　貝利A的解答例

答案數　　　　　　　　　　　　　　　　　　　　　　※因為解答有其範圍，所以上了色的解答會比答案數

外觀

項目	答案數	1	2	3	4	5
清澄度	1	1 清澄	2 有點混濁	3 混濁	4 有深度	
光芒	1	1 有光芒	2 稍弱	3 感覺帶霧		
色調	2	1 帶紫色	2 亮紅色	3 帶黑色	4 帶橙色	5 深紅色
		6 紅磚色	7 茶褐色			
顏色深淺	1	1 淺（接近無色）	2 明亮	3 稍深	4 深	5 非常深
黏稠度	1	1 清爽	2 稍微輕爽	3 稍微黏稠	4 豐富	5 黏稠
外觀的感覺	2	1 年輕	2 輕盈	3 濃厚	4 相當成熟	5 成熟度高
		6 有濃縮感	7 稍微有熱成	8 熟成	9 氧化熟成的感覺	10 已經開始氧...
		11 完全氧化				

香氣

特徵		答案數	1	2	3	4	5
豐富度		1	1 收斂	2 能確實感覺到	3 強而有力		
	果實	2	1 草莓	2 覆盆子	3 醋栗	4 藍莓	5 黑醋栗
			6 黑莓	7 黑櫻桃	8 李乾	9 無花果乾	
	花、植物	1	1 紅椒	2 薄荷腦	3 羊齒草	4 玫瑰	5 東北菫菜
			6 牡丹	7 天竺葵	8 月桂葉	9 杉樹	10 針葉樹
			11 紅茶				
	辛香料、芳香	2	1 乾燥花草	2 煙草	3 蕈類	4 枯葉土	5 腐葉土
			6 枯葉	7 血液	8 肉	9 皮革	10 松露
			11 蔬菜燉肉	12 野味	13 咖啡	14 香草	15 煙燻肉
			16 丁香	17 肉桂	18 黑胡椒	19 檀香木	20 杜松子
			21 巧克力	22 可可粉	23 碘		
	化學物質、醚	1	1 樹脂	2 硫磺	3 老酒	4 肉豆蔻	5 甘草
香氣的感覺		2	1 年輕的	2 沉穩（較內斂）	3 已甦醒	4 封閉	5 還原狀態
			6 展現出成熟度	7 已到氧化成熟的階段	8 氧化中	9 第一類香氣強烈	10 第二類香氣...
			11 自然的	12 橡木桶風味	13 不健全		

味道

項目	答案數	1	2	3	4	5
前味	1	1 輕盈	2 稍微輕盈	3 稍微強烈	4 強烈	5 有衝擊的
甜味（飽含酒精的飽滿度）	1	1 少	2 順口	3 豐富	4 有殘糖	
酸味	1	1 銳利	2 爽快	3 明顯	4 滑順	5 細膩
		6 圓潤	7 柔軟	8 溫和		
單寧	1	1 刺一般的	2 粗糙的	3 粗的	4 強而有力	5 強勁（感覺突...
		6 細緻	7 細緻緊密	8 沙沙的	9 絲絨般	10 絲綢般的
均衡感	1	1 俐落	2 有骨架	3 堅實	4 瘦、乾渴的	5 豐潤的
		6 肥碩	7 強有力的	8 骨架堅固	9 柔和	10 舒服
		11 流暢	12 順口	13 均衡感很好		
酒精	1	1 少	2 較少	3 較多	4 能感到灼熱	5 中等程度
餘韻	1	1 短	2 較短	3 較長	4 長	

口感與評價

項目	答案數	1	2	3	4	5
口感	2	1 果味豐富	2 迷人的	3 新鮮的	4 濃郁的	5 有花香味的
		6 有礦物味的	7 有植物味的	8 辛香的	9 複雜的	
評價	1	1 能享受簡單、新鮮	2 成熟度高、豐富	3 味道濃縮、有力量	4 優雅、餘韻悠長	5 長期熟成型...
		6 潛力高				
適飲溫度	1	1 7度以下	2 8~10度	3 11~13度	4 14~16度	5 17度到20度
酒杯	1	1 小口	2 中庸	3 大口		
換瓶醒酒	1	1 不需要	2 飲用前	3 事前（30~60分鐘前）		
採收年份	1	1 2008	2 2009	3 2010	4 2011	5 2012
生產國	1	1 法國	2 西班牙	3 義大利	4 日本	5 澳洲
		6 美國				
主要葡萄品種	此資格檢定測驗是以選擇題的方式回答			Muscat Bailey A		
酒款名稱	請在品酒解答用紙的回答欄內以片假名或原文回答。字拼錯不予計分。			山梨Muscat Bailey A		

重點

● 日本的交配品種。
● 因為果實大顆，所以顏色不會太深邃。
● 屬於美洲葡萄種的系統，有狐騷味的氣息。
● 很多能聞到草莓的香味。

葡萄酒以外的酒類分辨方式

讓我們以顏色來區分葡萄酒以外的酒類。
首先是用透明和有顏色來分類，再來是以怎樣的顏色來做判斷。

顏色透明的酒類

顏色？	口味甜或不甜？	酒類	酒精濃度	抽出物含量	判別的重點
無色	不甜	伏特加	40度左右		完全沒有特徵。
	不甜	白色龍舌蘭	40度左右		有龍舌蘭獨特的香氣。
	不甜	琴酒	40～47度左右		有杜松子的香氣。
	不甜	日本燒酒	25度左右		在二次試題中出題只會出現乙類燒酒。會直接聞到芋、麥等原料原本的香氣。
	不甜	水果蒸餾酒	40度左右		雖然有來自原料的水果香氣，但是和會有櫻桃或覆盆子等水果直接的香氣不同，感覺比較像是海苔醬那樣的香氣。
	不甜	格拉帕酒	40度左右		有葡萄榨渣的獨特風味。
	不甜	白色蘭姆酒	40度左右		有黑糖蜜的獨特風味，因為有使用活性碳等過濾，因此香氣很少。
	甜	Berger blanc白色茴香酒	45度左右	38.0%度左右	有茴香子的獨特香氣。加入水後會變成白色混濁的狀態。
	甜	君度橙酒	40度	22.5%度	有豐富的橙香。
稻酒色	不甜	菲諾雪莉酒	15度左右		有氧化熟成後的香氣、杏仁的香氣、產膜酵母的獨特氣味。顏色相當年輕，能感覺到落差。
	不甜到甜	白色波特酒	19～20度		成熟梨子般的香甜氣味。也能感覺到蜜糖和堅果的味道。
	甜	白色苦艾酒	15～18度左右		有草本植物的氣息。因為是以葡萄酒為基酒，所以酒精濃度不像其他草本系列口酒那樣高。
	甜	Muscat de Beaumes de Venise等V.D.N（天然甜葡萄酒）	15度左右		香氣和所使用的原料葡萄有關，例如，如果是Muscat de Beaumes de Venise，那麼則會有新鮮麝香葡萄的香氣。

有顏色的酒類

顏色？	口味甜或不甜？	酒類	酒精濃度	抽出物含量	判別的重點
琥珀色	不甜	科涅克白蘭地	40度左右		3種白蘭地不容易分辨，特別是很難分辨科涅克白蘭地和雅瑪邑白蘭地，即使是相當熟練的人也很困難。和雅瑪邑白蘭地相比，科涅克白蘭地比較多口感洗鍊的類型。
	不甜	雅瑪邑白蘭地	40度左右		有力道，強勁奔放的口感居多。
	不甜	蘋果白蘭地	40度左右		在3種白蘭地當中，唯一可以用蘋果香氣來判斷的種類。
	不甜	蘇格蘭威士忌	40～43度左右		有泥煤（peat，燻麥芽）的氣味。
	不甜	波本威士忌	40～45度左右		有美國橡木的香氣，也有玉米的氣味。
	不甜	農業蘭姆酒	40度左右		有蔗糖的香氣。
	不甜	阿蒙提拉多雪莉酒	16度左右		有堅果、杏仁的香氣。
	不甜	俄羅斯索索雪莉酒	17～18度左右		堅果、杏仁的香氣豐富。顏色比阿蒙提拉多雪莉酒還要深。
	不甜	陳釀龍舌蘭酒	40度左右		有龍舌蘭獨特的香氣。
	不甜到甜	馬德拉酒	17～22度		有氧化熟成和加熱感。
	不甜到甜	馬薩拉酒	18度左右		和馬德拉的感覺相似，氧化的部分少，沒有加熱感。經常會有杏果等乾果味和橡木桶的香氣。

有顏色的酒類

琥珀色	不太甜	力加（Ricard）茴香酒	45度	2.0%	有茴香子的獨特香氣。加入水後會變/白色混濁的狀態。味道不太甜。
	甜	黃褐色波特酒	20度左右		因為是用黑葡萄為原料，因此酒齡年/的黃褐色波特酒雖然叫黃褐色，但實/上也會帶點紅色。
	甜	法國廊酒 D.O.M.	40度	35.0%	雖然是香草酒，但顏色呈琥珀色。
	甜	Amaretto杏仁甜酒	28度左右	26.0%	有杏仁豆腐的香氣。
	甜	Grand Marnier香橙甜酒	40度	27.1%	有豐富的橙香。和君度橙酒不同的地/在於顏色。
	甜	Drambuie蜂蜜香甜酒	40度	35.0%	以蘇格蘭威士忌為基酒，加上蜂蜜/草。有煙燻味和豐富的甘甜。
紅酒色	甜	紅寶石波特酒	20度左右		豐富的果味和細緻的單寧。口感豐富的甜紅酒。
	甜	覆盆子香甜酒	20度左右		有紅色莓果香氣和海苔醬香氣的落差。
	甜	紅色苦艾酒	15度左右		紅酒的外觀和香草的香氣。含在口中感覺到甜味帶著苦味。
新鮮的黃色	甜	Pernod茴香酒	40度	10.0%	有茴香子的獨特香氣。加入水後會變白色混濁的狀態。
	甜	加利安諾香甜酒	42.3度	25.0%	有茴香子的獨特香氣。此外也有香草特色的香氣。
	甜	Suze龍膽酒	15度	16.2%	用龍膽科的龍膽根做成的利口酒酒精濃度不會太強烈，有著苦甜的道。
	甜	黃色夏翠絲香甜酒	40度	33.0%	如名字一樣，顏色是黃色。和綠色夏翠絲比有著相當的綠色和綠色夏翠絲一樣也有複雜的香氣，是蜜一般的甜香和入口之後的甜味則綠色夏翠絲較多。
新鮮的綠色	不甜	苦艾酒	68度	0.2%	酒精感覺非常強勁乾澀。有著苦艾獨的香氣和強烈的苦味。加入水後會變成白色混濁的狀態。
	甜	綠色夏翠絲香甜酒	55度	23.0%	複雜的香草香氣。有辛香味，薄荷氣息強烈。
	甜	哈蜜瓜香甜酒	20度左右		哈密瓜的香氣為其特徵。
新鮮的紅色	甜	金巴利香甜酒	25度	19.0%	鮮豔的紅色。有橙香，味道甘甜。
	甜	艾普羅香甜酒	11度	25.8%	鮮豔的紅色，色調比金巴利淡。能感覺的明顯的橙香。酒精感覺較輕，不會比金巴利苦。
深紫紅色	甜	黑醋栗香甜酒	20度左右		味道濃厚和顏色深邃。黏稠而糖度高。
深咖啡色	甜	Jägermeister香甜酒	35度左右	15.7%	咖啡色帶著紅色。香菜的氣味強烈。
乳白到咖啡牛奶色	甜	Amaro苦艾酒	25度左右	15.0%左右	Averna或Montenegro等好幾家品牌都/製造。有來自龍膽根的苦甜味。
	甜	愛爾蘭甜奶酒	17度左右		乳化的奶油和愛爾蘭威士忌的香氣。

＜参考文献＞

『ソムリエ・ワインアドバイザー・ワインエキスパート 日本ソムリエ協会 教本 2014』
一般社団法人日本ソムリエ協会（一般社団法人日本ソムリエ協会）

『ワイン テイスティング』佐藤陽一（ミュゼ）

『ワイン テイスティングバイブル』谷宣英（ナツメ社）

『ワインテイスティング基本ブック』（美術出版社）

『ワイン基本ブック』（美術出版社）

『ワインの基礎知識』若生ゆき絵（新星出版社）

『The World Atlas of Wine』ヒュー・ジョンソン　ジャンシス・ロビンソン（Mitcell Beazley）

『WINE GRAPES』ジャンシス・ロビンソン（HarperCollins Publishers）

『ワイン用葡萄ガイド MW（マスター・オブ・ワイン）ジャンシス・ロビンソンによるワイン醸造用葡萄800
　　品種の徹底ガイド』ジャンシス・ロビンソン（ウォンズ パブリシング）

『シャンパン物語 その華麗なワインと造り手たち』山本博（柴田書店）

『シャンパン 泡の科学』ジェラール・リジェ＝ベレール（白水社）

TITLE

葡萄酒品飲教科書

STAFF

出版	三悅文化圖書事業有限公司
監修	久保將
譯者	謝逸傑

總編輯	郭湘齡
責任編輯	黃思婷
文字編輯	黃美玉　莊薇熙
美術編輯	謝彥如
排版	二次方數位設計
製版	昇昇興業股份有限公司
印刷	桂林彩色印刷股份有限公司
法律顧問	經兆國際法律事務所　黃沛聲律師

代理發行	瑞昇文化事業股份有限公司
地址	新北市中和區景平路464巷2弄1-4號
電話	(02)2945-3191
傳真	(02)2945-3190
網址	www.rising-books.com.tw
e-Mail	resing@ms34.hinet.net

劃撥帳號	19598343
戶名	瑞昇文化事業股份有限公司

本版日期	2018年3月
定價	380元

國家圖書館出版品預行編目資料

葡萄酒品飲教科書 / 久保將監修；謝逸傑譯. -- 新北市：
三悅文化圖書, 2016.01
208　面 ; 14.8 x 21　公分
ISBN 978-986-92063-9-6(平裝)

1.葡萄酒 2.品酒

463.814　　　　　　　　　　　　　　　　104027213

WINE TASTING NO KISO CHISHIKI
©MASASHI KUBO 2014
Originally published in Japan in 2014 by SHINSEI PUBLISHING CO., LTD.
Chinese translation rights arranged through TOHAN CORPORATION, TOKYO.
and Keio Cultural Enterprise Co., Ltd.